KB271808

[충남대 공공문제연구소 학술연구총서]

과학기술정책의 주요쟁점

[충남대 공공문제연구소 학술연구총서]

S.C.I.E.N.C.E

과학기술정책의 주요쟁점

강근복 | 김성수 | 이찬구 | 홍형득 | 황병상 지음

- 1장 과학기술정책의 결정을 위한 시민참여 정책분석
- 2장 과학기술정책과 거버넌스 구조 논의 : 기본개념과 이론모형
- 3장 국가연구개발사업 조정체제의 발전과제 : 관료와 민간 관계를 중심으로
- 4장 과학기술계 연구기관 평가지표의 다양성과 균형성 분석 : 지적자본 관점에서
- 5장 과학기술부문 기초연구의 경제적 편익

한국학술정보(주)

과학기술의 발전은 과학기술자, 정부, 기업, 그리고 일반사회의 협동적 노력의 산물이다. 과학기술정책은 공적사항의 관리와 공익의 실현을 위해 필요한 과학기술의 발전, 활용과 관련된 목표와 수단의 결합을 의미한다. 우리 사회의 모든 영역에서 과학기술의 영향은 긍정적이든 부정적이든 날로 급격히 증대하고 있다. 과학기술의 발전이 사회문제 해결에 기여하고 국가발전의 원동력이 되기도 하는 한편, 환경을 파괴하고 인간의 존엄성을 훼손하는 부정적 영향을 미치고 있기도 하다. 과학기술의 발전은 과학기술자의 창의적 노력에만 의존하는 것이 아니다. 과학기술발전이 가능한 환경과 조건이 조성되지 않고는 불가능한 일이기 때문이다. 과학기술발전이 우리에게 환호와 편이만을 제공하는 것도 아니다. 과학기술 사체 또는 발전된 과학기술의 활용이 우리 사회를 위험에 빠트릴 수도 있기 때문이다. 무슨 목적을 위해 어떻게 과학기술의 발전을 도모하고 발전된 과학기술을 어떻게 활용할 것인가는 우리의 판단과 행동에 달려 있다. 이렇게 과학기술이 미치는 사회·경제·정치적 영향을 생각해 보면 과학기술 발전에 필요한 여건과 제도를 구축하고 과학기술을 공적사항의 관리와 공익의 실현에 효율적으로 활용하는 것은 매우 중요한 과제임이 분명하다.

이 책은 충남대학교 공공문제연구소 / 과학기술정책연구센터가 주관하여 과학기술정책의 주요 과제 또는 쟁점을 연구한 첫 번째 작업의 산물이다. 여기에서는 과학기술정책의 결정을 위한 정책분석과정에서의 시민참여, 과학기술정책의 거버넌스적 해석을 위한 접근모형, 국가연구개발사업의 조정체제, 지적자본관점에서의 정부출연연구기관 평가지표의 다양성과 균형성 분석, 그리고 기초과학연구의 경제적 편익 등의 주제를 다루고 있다.

대덕연구개발특구 내에 있는 충남대학교 과학기술정책연구센터는 과학기술정책에 관심을 갖고 있는 연구자와 정책실무자들의 학제적 공동연구의 장으로 열려 있다. 과학기술자, 과학기술정책 연구자와 실무자, 그리고 일반 시민들의 다양한 관점과 입장, 경험과 견해가 활발히 토론되는 공론의 장이 더욱 활성화되길 기대한다. 이를 통해 우리의 과학기술정책의 질적 수준이 향상되고 이를 토대로 과학기술의 발전과 활용이 우리 사회발전에 크게 기여할 수 있기를 소망한다. 끝으로 출판에 이르기까지 수고를 아끼지 않은 충남대 공공문제연구소의 임지연 연구원과 이 책을 훌륭하게 제작하는데 애써 주신 한국학술정보의 강태우씨와 채종준 사장님께 감사드린다.

2008년 5월
저자들을 대표하여 강근복 씀

목 차

제3장

국가연구개발사업 조정체제의 발전과제: 관료와 민간 관계를 중심으로...김성수 / 63

제4장

**과학기술계 연구기관 평가지표의 다양성과 균형성
분석: 지적자본 관점에서...이찬구 / 83**

제5장

과학기술부문 기초연구의 경제적 편익...황병상 / 117

제1장

과학기술정책의 결정을 위한 시민참여 정책분석

I   머리말

지금까지의 정책분석 연구는 주로 정책전문가로서의 정책분석가의 활동, 정책결정에 필요한 정보를 산출하기 위한 정책분석가의 지적이고 분석적인 활동의 내용과 기법에 관심을 집중시켜 왔다(Quade, 1989). 정책문제의 기술적 복잡성과 정책대안 개발과 평가의 전문성 때문에 정책분석은 전문가에 의해서만 수행될 수 있는 활동이라고 보는 입장이 주류를 이루었다. 정책분석의 유형을 엘리트모형, 민중모형, 토론지도모형(혼합모형) 등으로 나누어 볼 때(허범, 1993) 이제까지의 연구는 엘리트 모형에 대한 연구에 치중되어 왔음을 의미한다. 과학적이고 객관적인 정책분석을 강조할수록 정책분석과정에서의 정책전문가의 독점적인 지위는 당연시되었다. 그러나 정책분석이 정치적 활동과 구분되는 전문적인 활동이라는 이유로 시민을 비롯한 정책관련자의 참여가 제한되어 정책분석결과의 사회적 적합성을 떨어뜨리고 정책을 시민으로부터 유리시키는 결과를 가져왔음을 부인할 수 없다. 정책분석의 이러한 경향은 전문가로서의 정책분석가와 정책분석의 고객을 분리시키고, 정책분석을 '민주주의 정책학'의 이상과는 거리가 멀게 만든다는 비판을 받아 왔다(Durning, 1993). 전통적인 정책분석이 정책분석가와 일반 대중을 분리시키고, 정책결정에 대한 시민들의 영향력을 감소시켰다고 보기 때문이다(deLeon, 1994; Dryzek, 1989; Fischer, 1993, 1998). 정부정책의 사회적 적합성 상실, 민주정부의 운영에 대한 불신, 참여민주주의에 대한 요구의 증대 등은 참여정책분석에 대한 관심을 불러일으키게 만든 주요 요인들이다(강근복, 2005). 참여정책분석(participatory policy analysis: PPA)은 정책분석과정에서 전문관료와 정책전문가의 독점적 지위를 거부하면서 등장한 것이다. 정책분석과정에서 전문관료나 정책전문가가 아닌 보통 시민들의 참여가 필요함을 주장하고 나선 것이다. 물론 참여정책분석의 등장이 전통적인 정책분석접근의 성과나 유용성을 전적으로 부정하는 것은 아니다. 정책분석과정에서의 민주적 가치 확보와 시민참여의 유용성을 강조하고 전통적 정책분석 접근이 간과한 부분에 대한 보완, 새로운 대안적 접근으로서의 의미를 가진다.

외국의 참여정책분석에 대한 연구는 deLeon(1990; 1992; 1993; 1994; 1997), Durning(1993), Renn et al.(1993) 그리고 Fischer(1993; 1998). Haight and Ginger(2000), Walters et al.(2000), Anderson and Jaeger(2002), Hendriks(2005) 등에 의해 이루어져 왔다. 이들은 참여정책분석의 필요성, 개념과 특성, 모형 등에 대해 논의하는 한편 실제의 사례를 분석하여 그 유용성을 평가하고 시민참여를 통한 정책분석의 민주성 확보와 질적 수준 향상에 관심을 기울였다.

이에 비해 우리나라에서의 참여정책분석에 대한 이론적 연구는 매우 희소하다. 전통적인 엘리트주의 정책분석에 대한 비판을 토대로 참여정책분석에 대한 논의의 중요성을 강조하고 대통령선거공약토론에 대한 시민참여를 다룬 연구(허범, 2002), 정책분석에서 공중참여(public participation)에 관한 논쟁을 다룬 연구(구광모, 2001) 그리고 참여정책분석을 거버넌스와 연관시켜 다룬 연구(채원호, 2001), 참여정책분석의 개념과 실행조건을 다룬 연구(강근복, 2005) 등이 있을 뿐이다. 이렇게 우리나라에서 참여정책분석에 대한 논의가 희소했던 이유는 정책분석에 대한 연구가 주로 분석기법에 대한 논의에 치중했다는 점에서 찾을 수도 있지만 앞에서 지적했듯이 정책분석의 전문적 성격 때문에 정책전문가 이외의 사람들이 정책분석활동에 관여하기에 적합지 않다는 생각에서 비롯된 것으로 보인다.

과학기술정책과 관련해서는 과학기술정책과정에서의 시민참여확대 또는 거버넌스와 연관된 주제들을 이영희(2000, 2002), 김영삼(2002), 송위진(2003), 이창원 외(2004) 그리고 권기창 배귀희(2006) 등이 다루고 있다. 이들 연구에서는 과학기술정책과정에서 시민참여가 왜 필요한지,

그 형태는 어떠한 것인지 등을 다루고 있다. 그러나 이들 연구에서도 정책결정과 구분되는 정책분석과정에서 이루어지는 시민참여의 본질적 특성을 규명하거나 그 실행조건을 심층적으로 다루고 있지는 못하다. 이런 점에서 이 연구는 과학기술정책결정을 위한 시민참여정책분석에 대한 탐색적이고 시론적인 연구라 할 수 있다.

이 연구에서는 우선 참여정책분석의 대상이 되는 과학기술정책의 특성과 시민참여 필요성을 간단히 검토하고, 시민참여정책분석이 등장하게 된 배경을 살펴본 후, 여러 학자들의 연구 결과에 대한 검토를 토대로 시민참여정책분석의 개념을 정의하고 그 개념적 특성을 논의한다. 다음으로 시민참여정책분석을 조직하기 위해서 고려해야 될 요소들에 대해 간단히 논의한다.

 과학기술정책의 특성과 시민참여

시민참여 정책분석은 정책분석의 한 유형이고, 대상 정책(문제)의 유형과 특성에 따라 시민참여 정책분석의 유용성과 활용방법이 달라질 수 있다. 그러므로 과학기술정책의 결정에 시민참여 정책분석을 활용하기 위해서는 먼저 과학기술정책의 특성을 살펴보는 것이 필요하다.

과학기술정책은 일반적으로 정책이 갖고 있는 특성(예를 들면, 목적 지향성, 행동지향성, 정치성 등)(강근복, 2000) 외에 배분정책으로서의 특성, 고도의 과학기술관련 전문성, 정책환경의 변화에 대한 민감성, 타 분야 정책과의 높은 연관성 그리고 국가발전과의 직접적 연계성(이창원외, 2004) 등의 특징을 갖고 있다. 이러한 과학기술정책의 특성은 한편으로 정책분석에서의 시민참여를 어렵게 만드는 요인이 되기도 하고, 또 다른 한편으로는 시민참여의 필요성을 제기하는 요인으로서 작용하기도 한다. 전통적으로 과학기술정책에서 요구되는 고도의 전문성은 과학기술자와 과학기술관료들에 의해 정책분석과정이 독점적으로 지배되어 온 것을 당연시해 왔다. 그러나 급속하고 획기적인 과학기술 발전이 인간 사회에 미치는 영향이 폭발적으로 증대함에 따라 사회적 윤리적 문제들이 등장하게 되고 사회적 갈등과 논쟁을 불러일으키게 되었다. 원자력발전과 원자력폐기물 처리 문제, 유전자 조작 식품의 안정성 그리고 배아줄기세포 연구의 윤리문제 등에 대한 일반 시민의 높은 관심은 정책분석과정에서 시민참여 필요성을 제기하고 있다. 과학기술정책의 건문성과 관련해서도 과학기술정책의 결정에는 전문가적 관점과 지식만이 아니라 보통 시민의 관점과 경험, 상식도 반영해야 한다는 점에서 시민참여 필요성은 더욱 강조되고 있다.(이영희, 2002) 과학기술정책의 결정에 시민이 참여해야 할 필요성을 간단히 정리해 보면 과학기술정책의 내용에 대한 시민의 알 권리, 과학기술이 인간 사회를 위험에 빠트리지 않도록 통제할 시민의 권리(기술시민권), 인간을 위한 과학기술의 발전과 이용 필요성 그리고 과학기술과 과학기술정책에 대한 시민의 수용성 지지 확보 등을 들 수 있다.(Irwin, 2001; 이창원 외, 2004)

과학기술정책과정에서의 시민참여는 정책의제형성과정, 정책결정과정, 정책집행과정, 정책평가과정 등으로 나누어 살펴볼 수 있다.[1] 정책결정과정은 분석적 과정과 정치적 과정의 혼합과정이기 때문에 분석적 활동과 정치적 활동을 분리해서 살펴보는 것은 쉬운 일이 아니다. 그러

---

1) 이창원 등(2004)은 우리나라에서의 정책과정별 시민참여의 실태를 분석하고 외국에서 활발히 활용되고 있는 시민참여모델로서 규제교섭모델(Regulatory Negotiation Model), 포커스그룹(Focus Groups), 시나리오 워크숍(Scenario Workshop), 시민배심원모델(Citizen Jury Model), 시민자문위원회(Planning Cell) 및 합의회의(Consensus Conference) 등을 소개하고 있다.

나 여기에서 다루는 것은 정치적 과정을 포함하는 과학기술정책결정과
정에서의 시민참여가 아니라 정치적 활동과 구별되는 분석적 활동으로
서의 정책분석과정에서의 시민참여임을 유념할 필요가 있다. 이에 대해
서는 후술한다. 아래에서는 과학기술정책의 결정을 위해서 활용될 참여
정책분석의 등장 배경과 개념적 특성을 살펴본다.

 참여정책분석의 등장 배경과 개념적 특성2)

  참여정책분석의 등장은 정책분석이 전통적인 엘리트 중심적 실증주
의적 접근법에 의해 지배되고, 전문관료와 정책전문가에 의해 독점되어
온 것에 대한 비판에서 비롯된 것이다(Fortier, 2003). 전통적 엘리트주
의 정책분석이 '민주주의 정책학(Policy Sciences of Democracy)'의 이
상 실현에 기여하지 못하고 오히려 이를 쇠퇴시키고 있다는 비판이다.
  그러면 전통적 정책분석이란 무엇을 의미하는가? 여기에서 전통적
정책분석이라 함은 실증주의적 정책분석을 말한다. 실증주의적 정책분
석은 분석의 과학성을 강조한다는 점에서 '과학적 정책분석'이라고 부
를 수도 있다. 과학적인 정책분석은 정책결정에 필요한 정책정보를 탐
색, 생산, 조직, 전달, 활용하기 위한 '과학적'인 방법을 동원하는 접근
방법이다. 이러한 전통적 정책분석은 객관적인 사실과 원인 결과의 인
과성에 근거하는 실증주의적 분석을 지향하고 가치중립적 접근을 취하
게 된다(Trige, 1972; Weimer, 1998). 또한 엄격하고 과학적인 분석논리

---

2) 이 부분은 강근복. (2007), "참여정책 분석의 개념적 특성과 과정." 「지방정
   부연구」 (3) 221-242의 내용을 토대로 정리한 것임.

를 강조하게 됨에 따라 정책전문가가 아닌 일반 시민의 참여는 당연히 배제된다. 이렇게 실증주의적 정책분석은 엘리트주의적인 정책분석과 자연스럽게 결합된다. 그러므로 여기에서 이야기하는 전통적 정책분석은 엘리트주의적·실증주의 정책분석을 의미한다.

참여정책분석을 이해하기 위해서는 먼저 엘리트 중심 실증주의 정책분석의 한계를 비판적으로 검토해 보는 것이 필요하다. 참여정책분석은 실증주의적 정책분석의 한계를 극복하기 위한 방안의 하나로 제시된 것이기 때문이다.[3] 엘리트 중심 실증주의 정책분석에 대한 비판의 핵심을 간단히 정리해 보면 다음과 같다. ① 실증주의적 정책분석이 과학적 방법의 활용, 엄격한 과학적 조건의 충족을 우선하게 됨으로써 분석의 대상이 되는 현실을 지나치게 단순화시켜 실제(현실)의 왜곡 및 분석의 오류를 일으킬 수 있다(문태현, 1992; Johnson, 2005). ② 실증주의적 현실 인식은 객관적 사실의 인식과 증명에 기초하는 분석을 강조하게 되고 이는 정치적 토론과 판단을 배제하게 됨으로써 비민주적이라는 비판을 받는다(Dryzeck and Togerson, 1993; Johnson, 2005; 허범, 2005). ③ 과학적인 분석의 결과는 타당한 것이라는 인식은 분석결과의 어용적 또는 편향적 활용을 정당화시키고 '제왕을 위한 정책분석'으로 진락할 가능성이 있다(허범. 2005). ④ 경제적 관점에 편중하여(공리적 합리성) 비용/편익분석에 치중함으로써 정책이 지향해야 할 공익에 대한 토론과 판단이 결여되어 있다. 또한 이미 주어진 목표의 달성에 적합한 수단의 강구에만 치중하는 수단적 합리성을 강조함으로써 정책목적을 설정하기 위한 규범적 토론과 판단이 결여되어 있다(Hendrick and Nachmias, 1992; Johnson, 2005; 허범, 2005). 전통적 정책분석에서는 정책분석 전문가들이 중립적인 위치에서 다양한 가치 간의 갈등을 회피한 채 합리적인 대안의 개발에 치중한다고 보기 때문에 정책분석은 대안의 비교·평가 기준으로 능률성과 실현 가능성을 중요시하며, 사

---

3) 실증적 정책분석의 한계를 극복하기 위한 대안에 대한 논의에 대해서는 송근원(1991) 참조.

회적 규범과 가치에 관련된 당위성의 문제는 취급하지 않는다(Fischer, 1998). ⑤ 엘리트주의적 정책분석은 정책전문가 엘리트에 의한 정책분석의 독점을 당연시하고 일반 시민이 정책분석과정에 참여하지 못하는 것 역시 당연한 것으로 받아들인다. 설사 일반 시민이 정책분석과정에 참여하는 경우가 있다고 하더라도 그것은 기껏해야 정책전문가의 필요와 판단에 따라 정책에 의해서 영향을 받게 될 정책관련자들의 입장과 요구를 수집하는 경우에 한정될 뿐이다. 그러나 누구의 어떤 의견을 얼마만큼 어떻게 반영할 것인지는 전적으로 정책전문가의 판단에 의존한다.

실증주의적 정책분석의 경향이 정책분석을 전문가에 전적으로 의존해서 이루어지게 만든 측면이 있는가 하면, 행정 관료들이 시민참여에 대해 부정적인 인식을 갖고 있는 것이 또한 정책분석과정에서 시민참여를 배제하게 만든 주요 요인이기도 하다. 적지 않은 공무원이나 정책전문가들이 시민참여를 부정적으로 보는 이유는 다음과 같다. ① 오늘날의 정책문제가 너무 복잡하기 때문에 일반 시민들이 이를 이해하기가 쉽지 않다(Hendrick and Nachmias, 1992; Fischer, 1998). ② 기술적 전문가들은 민주적 의사결정과정의 특징이라 할 수 있는 점진적 의사결정이 합리적이지 못하다고 주장한다(Sternberg, 1989). 점진적 의사결정은 객관적인 계산과 합리적인 판단에 의해서 이루어지는 것이 아니라고 보기 때문이다. ③ 일반 시민들은 정책(문제)에 무관심하거나 공익보다는 사익을 추구하려는 경향이 강하다고 보는 공무원이나 전문가가 많다(Fischer, 1993; Rein, 1976). ④ 합리적 의사결정과 민주적 의사결정은 서로 다른 목적들을 갖고 있기 때문에 효율성을 지향하는 합리성과 참여를 지향하는 민주성 사이에는 긴장이 존재한다(Rein, 1976; Fischer, 1993; Heineman et al. 1997). 일반적으로 관료들은 합리적 의사결정을 강조하는 반면에 일반 시민들이나 이해관계자들은 민주적 의사결정을 강조하는 경향이 강하기 때문에 양측 사이에 긴장이 존재한다는 것이다. 합리적 의사결정을 중시하는 관료들은 일반 시민의 참여보다는 '엘리트가 주도하는 과학적인 실증주의적' 정책분석에 의해 도움을 받을 수 있다고 생각할 가능성이 크다. ⑤ 정책분석과정에 일반 시민의 참여가 확대된다는 것은 정책결정과정에서 공무원과 정책전문가의 권력(영향력)이 약화된다는 것을 의미하는 것으로 보기 때문이다(Thomas, 1995). ⑥ 정책분석과정에서의 일반 시민의 참여는 시간과 비용이 많이 들고, 절차가 복잡해진다(Walters et al. 2000).

전통적 정책분석이 정책결정의 합리성을 증진시키는 데 기여한 공로를 과소평가할 수는 없지만 비민주적이고 시민 또는 정책관련자 참여의 이점을 놓치고 있다는 비판을 피하기는 어렵다. 앞에서 논의한 것처럼 정책분석과정에서 보통 시민이나 정책관련자들이 배제됨으로써 다양한 관점과 가치관, 이해관계의 투입이 불가능하거나 불완전해지기 때문이다(Kweit and Kweit, 1981; 1987). 결론적으로 일반 시민이나 정책관련자들이 정책분석과정에 참여하는 것은 정책분석의 민주성을 확보하고 정책의 질을 향상시키는 데 기여할 수 있다는 점에서 필요하고 이는 참여정책분석 접근법의 등장을 요청하게 되었다(Green, 1997; Marinoff, 1997; Hamlett, 2001; Irvin, 2004; Hird, 2005).

다음에는 참여정책분석의 개념과 특성을 살펴볼 차례이다. 참여정책분석이 개념을 이렇게 정의하느냐, 그 특성을 어떻게 이해하느냐에 따라 조직화가 달라진다. 참여정책분석의 개념과 특성을 규명하기 위해서는 먼저 참여정책분석에 대해 논의한 주요 학자들의 연구결과를 먼저 검토해 보는 것이 유용할 것 같다.

deLeon(1990)은 전통적 정책분석이 좋은 정책을 만들거나 채택토록 하는 데 별로 기여하지 못했다고 비판하면서 참여정책분석을 제안했다. 그가 이야기하는 전통적 정책분석이란 실증주의적, 기술적인(technical) 정책분석을 의미한다. 그는 실증주의적이고 기술적인 정책분석의 경향은 기술적 전문성을 갖춘 엘리트로서의 정책분석가 집단을 만들어 냈고, 정책결정에 내재되어 있는 가치들에 대한 관심을 배제시켰다고 비판한다. 전통적 정책분석이 정책설계나 정책채택에 별로 기여하지 못했

다는 것은 '과학'의 실패(좋은 정책 설계 제안의 실패)요, '정치'의 실패
(정책채택에의 기여 실패)를 의미한다. deLeon은 이러한 전통적 정책분
석의 한계를 극복하기 위해 참여정책분석이 필요하다고 하면서 이는 정
책의 결정과 집행에서 논증적(discursive) 또는 숙고적(deliberative) 형태
로 참여하는 사람을 확대시키는 방법론적 제안이라고 설명한다(deLeon,
1990). deLeon은 참여정책분석이 정책결정과정에 참여하는(기여하는) 사
람들의 범위를 확대하는 것이요, 일련의 논증적인 대화(dialogue)를 통해
정책에 의해 영향을 받게 될 시민들을 참여시킨다는 측면에서 '민주주
의 정책학'의 정신에 부합되는 접근이라고 한다.4)

　Durnig(1993)은 분석전문가 이외의 일반 시민이나 이해관계자 등이
참여하는 정책분석을 참여정책분석이라고 본다. 그는 누가, 무슨 목적
으로, 어떻게 참여하느냐에 따라서 참여정책분석의 모형을 참여민주주
주의 정책분석(PPA for Participatory Democracy),5) 분석적투입형정책분
석(Providing Analytic Inputs Through PPA), 해석론적 참여정책분석
(Interpretive PPA)6) 그리고 이해관계자참여정책분석(Stakeholder Policy

---

4) deLeon은 참여정책분석이(시민에의) '권한부여(empowerment)'나 정책결정
　　또는 정치적 의사결정에 즉각적이고 직접적인 관여와는 명백히 구분되는
　　활동이라고 주장한다. 매우 타당한 지적이다.
5) 참여민주주의 정책분석은 전통적 정책분석이 엘리트 정치의 도구로 악용되
　　었다고 비판하면서 정책과정에 시민들이 적극적으로 참여할 수 있도록 도
　　와주는 것이 정책분석가의 역할이라고 주장한다(Dryzek, 1990; Durnig, 1993).
　　참여민주주의 정책분석에서는 시민들이 정책결정자와도 직접 의견을 교환
　　하는 관계에 있다. 즉 이 모형에 따르면 시민들은 정책결정자에게 정보제
　　공과 건의를 하는 것에 그치지 않고 정책결정에 직접적으로 참여한다. 이
　　런 점에서 이 모형은 참여형 정책분석이라기보다는 참여형 정책결정 모형
　　이라고 보는 것이 더 정확하다.
6) 해석학적 정책분석가는 분석과정에서 참여적 방법에 의존한다. 왜냐하면 분
　　석가는(설령 그가 전문가라고 하더라도) 현실에 대한 자신의 이해가 정책결
　　정의 주요 참여자들과 다르다면 결과적으로 자신의 분석결과는 잘못된 결
　　론을 가져오거나 정책결정 참여자들이 받아들여지지 않을 것이기 때문이다.
　　그렇다고 해서 해석학적 정책분석가가 전통적인 기술적 분석방법을 사용하
　　지 않는 것은 아니다. 다만 그러한 기술적 분석방법의 한계, 적용상의 제약
　　을 인식하고 분석가 자신 이외의 다른 사람을 참여시키는 방법들(예를 들

Analysis) 등 네 유형으로 분류한다. 이들은 모두 실증주의를 배격하고 현상학적(또는 그의 변형) 관점에 서 있으며 해석학적 연구패러다임을 수용한다.

Renn 등(1993)은 공중참여(public participation)에 대한 정당한 요구와 기술적 경제적 합리성 그리고 정책결정조직의 책임성과 대표성 사이에 존재하는 갈등을 해결하는 이상적인 방법은 없다고 지적한다. 그래서 기술적 전문성과 공중의 가치와 선호를 반영하는 합리적 의사결정을 결합하는 모델(Stern, 1991)의 필요성을 강조한다. 이에 따라 Renn 등은 정책제안을 만들어 내는 절차적 틀(procedual framework)에 전문성과 이해관계 집단들의 가치와 관심사항 그리고 시민의 선호들을 통합시키는 모형을 제시한다. 일종의 참여정책분석 모형을 제안하고 있는 것이다. 이 모형은 복수의 행위자와 복수의 가치들 그리고 복수의 이해관계가 존재하는 상황을 전제하고 세 가지 형태의 지식[7]을 정책분석과정에서 통합할 것을 시도하고 있다. Renn 등은 참여정책분석을 정책분석과정에서 다양한 유형의 지식이 필요하기 때문에 이러한 지식을 갖고 있는 다른 유형의 행위자들이 정책분석과정에 참여할 필요가 있고, 이것이 바로 참여정책분석이라고 본다.

Fischer(1993)는 참여성책분석은 정책분석가의 역할을 단순히 시민들에게 관련 자료를 제공하는 것에만 국한시키는 것이 아니라, 시민들이 정책이슈와 관련된 관심사항들을 검토할 수 있도록 정책분석가가 도와주는 것이라고 주장한다.[8]

면, 델파이, 의사결정세미나, 집단자유토론, Q 방법론 등)을 많이 활용한다 (Durning, 1993).

7) 세 가지 형태의 지식이란, 첫째는 상식과 개인의 경험에 토대를 둔 지식이고, 둘째는 기술적 전문성에 토대를 둔 지식 그리고 셋째는 사회적 이익과 창도에서 도출된 지식을 말한다. 이러한 세 가지 형태의 지식들은 자신들이 갖고 있는 잠재적인 지식들을 활용하여 특정 역할을 맡게 될 사회 내 상이한 행위자들(예를 들면, 전문가, 이익집단, 시민 등)이 활동하는 일련의 과정에서 통합될 수 있다고 본다(Renn et al., 1933).

8) 참여정책분석은 과학자가 생산한 정보에 대한 시민의 접근을 확대하고, 시

구광모(2001)는 참여정책분석이라는 표현을 쓰고 있지는 않지만 정책분석 방법론, 민주성과 과학성 그리고 전문가와 공중참여 등의 논쟁에 대한 검토를 통해서 정책결정과정의 민주화와 정책결정의 질을 향상시키기 위해서 참여확대적 접근방법의 창의적 적용이 필요함을 강조하고 있다. 이 연구에서 참여정책분석의 개념을 규정하고 있지는 않지만 논문 내용을 토대로 해서 저자의 견해를 추론해 보면 시민참여를 확대하는 정책분석의 접근법을 참여정책분석이라고 보는 것 같다.

채원호(2001)는 참여정책분석을 "기술적 전문가가 가지고 있는 전문적 지식에, 시민이 가지고 있는 보편적 지식을 반영시켜 정책문제의 대안을 작성하는 분석기법 또는 분석적 문제해결과정"이라고 정의하고 있다. 그는 Fischer(1990)의 주장을 인용하여 심의(deliberation)과정을 거쳐 공공적 의사결정이 이루어진다는 점에 참여정책분석의 특징이 있다고 설명한다(채원호, 2001).

Mayer 등(2004)은 참여정책분석의 개념을 명확히 규정하고 있지는 않지만 참여모형의 전제 가정에 대한 설명을 통해서 참여정책분석의 개념적 윤곽을 묘사하고 있다. 그들에 의하면 참여정책분석은 사회를 비판적으로 바라보면서 한편으로 과학적 탐구와 권고 그리고 다른 한편으로는 정책과 정치와의 관계에 주목하고 있다고 한다. 사회 내 모든 계층들(sections)이 다 정책체제에 접근할 수 있는 것이 아니며, 전문가, 경제적 엘리트, 제도화된 비정부조직과 정치인 등이 의제설정과 중요 정책에 대한 토론을 독점하고 있다는 것을 비판한다. 그리고 참여정책분석은 시민들 나름대로의 목소리를 가질 수 있고 실제적이고 정치적으로 중요한 문제들에 대해 숙고할 만큼 시민들이 충분한 이해

민들이 갖고 있는 자신의 지식과 경험을 체계화하는 데 기반하고 있다. 참여정책분석접근법은 정책전문가-고객 사이의 민주적이고 협동적인 관계의 형성을 주문한다. 전문가와 고객 사이의 수직적 관계에서 전문가와 고객이 협동적 관계로 옮아가야 한다는 것이다. 사회적 학습을 촉진시키는 '고객 중심' 방법의 고안, 문제해결을 위한 전문가와 고객의 협동적 노력을 중시하게 된다(Fischer, 1993).

관계를 갖고 있다고 가정한다. 참여정책분석에서 정책전문가의 역할은 정책토론의 개방성과 참여의 균등성이 확보될 수 있도록 도와주고 일반 시민들이 다른 사람들과 함께 정책분석에서 일정한 역할을 할 수 있도록 하는 등의 촉진자(facilitator)의 역할을 수행하는 것이라고 Mayer 등(2004)은 주장한다. 종합해서 보면 Mayer 등은 참여정책분석을 정책전문가의 도움을 받아 일반 시민이 수행하는 정책분석이라고 이해하는 것으로 보인다.

허범 교수(2005)는 참여정책분석을 "일반 시민을 대표하는 다수의 보통 시민(ordinary citizen)이 정책분석에 직접 참여하여 정책 내용을 탐색, 조직, 평가, 선정, 건의하는" 것으로 정의하고 있다. 이 정의에 따르면 일반 시민의 참여가 없는, 예를 들면 일반 시민을 제외하고 이해관계자들만이 참여하는 정책분석은 참여정책분석이라고 볼 수 없다. 위에서 살펴본 여러 학자들의 개념정의를 정리해 보면 <표-1>과 같다.

〈표-1〉 참여정책분석의 개념에 대한 여러 학자들의 견해

학 자	정 의	특 징
deLeon(1990)	정책의 결정과 집행에서 논증적 또는 숙고적 형태로 참여하는 사람을 확대시키는 방법론	• 정책결정과정 참여자 확대 • 일련의 논증적인 대화를 통해 정책에 의해 영향을 받게 될 시민들을 참여시킴
Durning(1993)	전문가 이외의 일반 시민이나 이해관계자 등이 참여하는 정책분석	누가, 어떤 목적으로, 어떻게 정책분석과정에 참여하느냐에 따라 유형 구분: 참여민주주의형, 분석적투입형, 해석론적 모형, 이해관계자참여형
Renn 등(1993)	다양한 유형의 지식을 갖고 있는 여러 유형의 행위자들이 참여하는 정책분석	전문성과 이해관계 집단들의 가치와 관심사항 그리고 시민의 선호들을 통합시키는 모형
Fischer(1993)	시민들이 정책이슈와 관련된 관심사항들을 검토할 수 있도록 전문가의 도움을 빌려 이루어지는 정책분석	문제해결을 위한 전문가와 시민의 민주적이고 협력적인 관계의 설정

학 자	정 의	특 징
구광모(2001)	시민참여를 확대하는 정책분석의 접근법	정책결정과정의 민주화와 정책결정의 질을 향상시키기 위해서 필요
채원호(2001)	기술적 전문가가 가지고 있는 전문적 지식에, 시민이 가지고 있는 보편적 지식을 반영시켜 정책문제의 대안을 작성하는 분석기법 또는 분석적 문제해결과정	전문지식과 일반 지식의 통합을 통해 이루어지는 정책분석
Mayer 등(2004)	정책전문가의 도움을 받아 일반 시민이 수행하는 정책분석	정책전문가의 역할은 정책토론의 개방성과 참여의 균등성이 확보될 수 있도록 도와주고 일반 시민들이 다른 사람들과 함께 정책분석에서 일정한 역할을 할 수 있도록 하는 등의 지원 / 조정자의 역할임
허범(2005)	일반 시민을 대표하는 다수의 보통 시민이 정책분석에 직접 참여하여 정책 내용을 탐색, 조직, 평가, 선정, 건의하는 접근법	토론의 강조, 일반 시민의 주도적 참여와 전문가의 보조적 지원 역할

위의 개념정의에서 학자들 사이에 의견이 나뉘는 중요한 요소는 정책분석과정에 참여하는 사람들의 유형과 그 역할에 대한 인식이다. 일반 시민이나 이해관계자의 역할에 대해서도 조금씩 의견을 달리하고 있기는 하지만 가장 중요한 것은 참여정책분석과정에서의 정책전문가의 역할에 관한 것이다. deLeon(1995), Mayer 등(2004), 허범(2005) 등은 일반 시민이 정책분석과정을 주도하고 기술적 전문가는 지원 자문의 역할에 한정된다고 강조한다. 반면에 Renn 등(1993), Fischer(1993)과 채원호(2001) 등은 청책전문가들이 일반 시민이나 이해관계자와 동등한 입장에서 정책분석과정에 참여하는 것이라고 본다. 전자는 비록 전문가의 도움을 받기는 하지만 일반 시민의 가치관, 경험과 상식, 선호 등이 정책분석과정에 투입되는 것을 중시하는 반면에 후자는 전문

가의 지식과 이해관계자나 일반 시민의 지식의 통합을 가능케 하는 접근으로서의 참여정책분석을 주장하는 것이다.

이제까지의 논의를 토대로 여기에서는 참여정책분석을 "일반 시민을 대표할 수 있는 다수의 보통 시민을 포함한 정책관련자들9)이 정책분석과정에 직접 참여하여 정책문제를 정의하고 정책대안을 탐색, 설계, 평가하여 권고하는 정책분석 접근법"이라 정의한다.

이러한 참여정책분석의 개념적 내용을 좀 더 자세히 살펴보면, 먼저 참여정책분석은 일반 시민을 대표할 수 있는 다수의 보통 시민이 참여하는 정책분석이다. 물론 시민 이외에 이해관계자나 정책전문가, 정부관계자 등도 참여한다.10) 이들이 정책관련자들이기 때문이다. 그러나 참여정책분석의 핵심은 정책분석과정에서의 '시민참여'에 있다. 정책분석과정에서 전문가의 지원과 자문은 매우 유용하고 불가피하기까지 하다. 그러나 이 경우에도 정책분석가의 역할은 자료의 제공과 자문 등 보조적인 역할에 국한되고 분석활동의 핵심 주체는 시민이다.

참여정책분석의 유형을 분류해 본다면 주도적인 참여자가 누구인가

---

9) 여기에서 이야기하는 정책관련자(집단)는 아주 넓게 보면 과학기술정책과정에 참여하는 사람, 과학기술정책에 관심을 갖고 있거나 또는 직접적이거나 간접적인 이해관계를 갖고 있는 집단(예를 들면, 과학자, 원자력발전소 입지 주민)을 의미한다. 여기에는 일반 시민이 당연히 포함된다. 범위를 조금 좁히면 특정 정책과 관련되어 직접적이거나 간접적인 이해관계가 있거나 관심을 갖고 있는 집단을 말한다. 그 범위를 최소한으로 좁히면 과학기술 정책과 관련하여 직접적인 이해관계를 갖고 있는 집단을 의미한다. 이렇게 좁힐 때 일반 시민은 정책관련 집단의 범위에서 제외된다. 이 연구에서 '정책관련자(집단)'이라는 용어를 쓸 때 논의의 전개상 필요에 따라 위의 세 의미로 구분하여 쓴다.

10) 참여정책분석의 시민주도성을 강조하는 입장에서 보면 참여정책분석의 참여자는 일반 시민으로만 제한된다. 이해관계자. 전문가. 정부관계자 등은 참여자가 아니라 조언자나 증인의 위치에 있을 뿐이다. 그러므로 이들을 모두 포괄하는 용어로는 Renn 등(1993)의 표현처럼 '행위자(actors)'기 더 적절하다는 주장이 있을 수도 있다. 그러나 역할상의 차이가 있을 뿐 참여정책분석의 과정에 관여한다는 점에서 이 연구에서는 이들 모두를 참여자라고 부른다.

를 기준으로 시민주도참여형(시민주도), 이해관계자참여형(시민과 이해관계자 공동주도), 정책관련자참여형(시민, 이해관계자, 정부관계자 등 공동주도) 등으로 나누어 볼 수 있다(강근복, 2005). 어느 유형에서든 전문가의 지원이 필요한 것은 물론이다. 이렇게 참여정책분석의 유형을 구분한다면 이 연구에서 주된 관심을 갖는 참여정책분석의 유형은 시민주도참여형이라 할 수 있다. 전문가에 의한 정책분석과정의 독점을 배제하고, 시민의 참여를 통해서 정책분석에서의 민주성 대표성을 확보하려는 시도가 참여정책분석이라고 보기 때문이다. 정책분석과정에서 일반 시민이 모든 과정에 참여해야 하느냐, 아니면 일부단계에서 참여하는 것도 참여정책분석이라고 볼 수 있느냐에 대해서는 논의가 더 필요하겠지만 상황적 여건과 정책 유형의 특성에 따라 다양한 형태의 참여정책분석의 구조와 절차가 마련될 수 있다는 점에서 참여정책분석의 범주를 너무 축소할 필요는 없다.

참여정책분석은 정책문제를 분석 정의하고, 대안을 탐색, 개발, 평가하는 등 일반적인 정책분석의 모든 내용을 포괄한다. 참여정책분석의 활동은 정책내용(정책문제 / 정책목표, 정책대안)에 대한 권고를 하는 것으로 종료된다. 건의된 정책내용이 실질적으로 정책결정에 반영되는지 여부는 별개이다. 일반 시민의 참여는 정책제안의 분석적 과정에 참여하는 것을 의미하는 것이지 정책결정과정에서의 참여를 의미하는 것이 아니기 때문이다.

그러면 이러한 참여정책분석은 어떤 경우에 그 유용성이 크게 나타날 수 있는가? 매우 복잡한 연관성을 갖고 있는 정책문제, 문제 관련자들 사이의 갈등이 심한 문제를 취급할 때, 정책문제가 명확히 정의되지 않은 상태일 때 또는 대안평가의 기준을 둘러싸고 이견이 클수록 참여정책분석의 유용성은 커진다(Durning, 1993; Walters et al., 2000). 일반 시민의 다양한 관점과 경험, 문제의식, 아이디어 등이 정책분석과정에서 중요한 역할을 할 수 있을 것이기 때문이다. 또한 제안된 정책대안의 정당성이 논의의 중요한 주제가 될 때 참여정책분석이 유용한 접근이 될 수 있다. 정책분석과정에서 관료나 정책전문가만이 아니라 일반 시민이 참여함으로써 정책과정의 민주성 확보에 기여할 수 있기 때문이다.

위에서 개념정의한 것을 토대로 참여정책분석의 특성을 정리해 보면 다음과 같다. 특성의 이해는 참여정책분석의 개념을 보다 명확히 하는 데 도움이 된다.

첫째, 참여정책분석은 일반 시민(ordinary citizens)이 참여하는 정책분석이다. 일반 시민을 대표할 수 있는 다수의 보통 시민이 정책분석에 직접 참여하는 것이다. 이는 정책결정의 정치적 과정에서뿐만 아니라 정책결정과정에서의 지적이고 분석적인 과정에서도 시민의 관점과 가치, 지식과 견해가 직접 투입된다는 것을 의미한다.[11]

시민들은 정책문제, 대안 등을 정의하고 탐색·평가하며 선정하여 건의하는 데 직접 참여하게 되는데 시민들이 적극적으로 참여하여(참여의욕) 참여의 보람을 느끼도록 하는 것이 중요하다. 참여하는 시민들 사이에는 공유된 정서(*sensus communis*)의 형성이 매우 중요하다(허범, 2005). 정책전문가, 정부관계자, 이해관계자 등은 원칙적으로 상담, 자문, 자료의 준비와 제공, 분석의 진행과 사회 등 보조적 기능을 수행하고 정책분석과정에서 핵심적인 역할을 하는 것은 보통 시민이다.

둘째, 참여정책분석의 목적은 크게 ① 문제정의, 대안탐색, 평가기준 설정 등의 발견(discovery), ② 쟁점과 정책대안에 대한 시민의 이해를 제고시키는 교육(education), ③ 정책대안에 대한 시민 평가(assessment),

---

11) 참여정책분석이 어느 경우에나 적용 가능하고 전적으로 유용한 것이라고 주장할 수는 없지만 전문적인 지식을 요구하는 과학기술정책문제를 다루는 경우에도 시민의 참여는 실질적 유용성이 인정된다. 이영희(2000)는 과학기술관련이슈를 취급하는데도 일상적인 삶의 경험 속에서 축적한 일반 시민들의 지식이 문제해결에 더 효과적일 수 있다고 주장한다. 일반인들도 스스로 인식하든 못하든 간에 자신의 삶의 영역에서 경험과 통찰을 통해 끊임없이 학습하고 있으며, 그 결과 사물에 대한 나름대로의 지식을 축적하기 때문이라는 것이다.

④ 권고된 정책대안에 대한 시민 설득(persuasion), ⑤ 공중의 규범과 법적 요구에 부합되도록 하는 정당성확보(legitimization) 등으로 나눌 수 있다(Walters et al, 2000). 이러한 목적들 중에서 역시 가장 중요한 것은 정책분석과정에 참여하는 시민들이 정책문제와 정책대안에 대한 관련 정보를 보다 충실히 제공받고 자신의 관점과 선호에 따라 정책문제와 대안에 대한 검토를 가능케 하며 또한 정책토론을 통해 비판, 조정, 합의를 촉진하자는 것이다. 정책분석에 참여하는 시민들의 지위는 정책문제를 정의하고, 목표를 설정하며 대안을 탐색 평가하고 난 후 권고하는 역할에 한정된다. 여기에서 시민의 역할은 정책결정자(기관)에 대해 정보를 제공하고 의견을 제시하는 것에 국한될 뿐 직접 정책결정을 하거나 참여하지는 않는다. 정책분석과정의 참여자들 사이에 이루어지는 토론과 타협은 정책결정과정에서 이루어지는 것들과는 성격이 다르다. 그들은 '분석적'인 활동에 참여하는 것이지 '정치적'[12]인 활동에 참여하는 것이 아니다(deLeon, 1990). 참여정책분석은 전문가, 공무원의 도움을 받아서 시민들이 정책분석과정에 참여하는 것이다. 그러므로 참여정책분석은 본질적으로 이성적이고 분석적인 활동이어서 정치적과정과는 구분된다. 참여정책분석과정에서 일반 시민은 문제를 분석 정의하고 대안을 탐색하고 평가하는 등의 활동에 관여하지만 최종적으로 결정은 정당한 권위를 부여받은 정책결정자나 의회와 같은 정책결정기관의 권한에 속한다.

참여정책분석에서도 참여하는 이해관계자(집단)들 사이에 토론과정을

---

12) '정치적'인 것의 의미를 넓게 해석하여 인간 사회 어느 곳에서나 발생할 수 있는 이해관계의 대립이나 의견의 차이를 조정하는 과정 자체를 정치적인 것이라 이해한다면 참여정책분석도 어느 정도 '정치적'인 성격을 가진다고 볼 수 있다. 그러나 여기에서 이야기하는 '정치적'인 것의 의미는 대립적 관계에서 상대방을 복종시키고 자신의 주장을 관철시키려는 권력적 작용을 핵심으로 보는 것이다. 참여정책분석과정에서는 상이한 의견을 조정하고 합의에 이르기 위해 참여자들 사이에 설득과 타협이 이루어질 수는 있지만 자신의 주장을 관철하기 위한 연합형성이나 권력의 행사가 이루어지는 것은 아니다.

거쳐 타협이 이루어질 수 있다. 그러나 여기에서 상정하고 있는 타협은 일반적인 정치과정에서 이루어지는 정책관련자들 사이의 타협과는 그 성질이 다른 것이다. 참여정책분석에서의 시민 참여는 모든 시민(조직화된 시민이든 아니든)의 가치와 선호를 공정하고 불편부당하게 대표한다는 규범적 목적에 의해 인도되어야 한다고 보기 때문이다(Renn, et al., 1993).

셋째, 참여정책분석은 참여자들 사이의 토론을 중시한다(deLeon, 1990; Fischer, 1993). 다양한 관점과 다양한 유형의 지식, 상이한 상황판단과 가치판단이 드러나고 이들을 둘러싸고 벌어지는 토론과 그를 통한 합의의 과정을 중시한다. 참여정책분석에서는 전문적인 용어가 아닌 일상적인 용어(ordinary language), 형식적인 논리가 아닌 실제적 평가의 논리(informal logic of evaluation)를 활용한다(허범, 2002). 참여정책분석에서의 토론은 일반 시민들이 일상적인 언어생활에서 자연스럽게 사용하는 용어와 논리를 통하여 전개되어 자유로운 의사소통에 장애를 주는 전문적 용어와 엄격한 형식 논리는 배제된다. 이는 상담, 자문, 자료의 준비와 제공, 분석의 진행과 사회 등을 맡고 있는 전문가가 전문용어와 전문적인 내용의 자료를 일상적인 표현과 내용으로 바꾸어 제공함으로써 가능하다.

넷째, 참여정책분석은 정책분석에서 합리성과 민주성의 조화에 기여하기 위한 시도이다. 앞에서 서술했듯이 정책전문가의 자문과 지원, 일반 시민의 상식과 경험 등을 통합함으로써 정책분석의 합리성을 제고하는 한편 일반 시민을 대표할 수 있는 보통 시민의 참여를 통해 정책분석의 민주성 제고에 기여할 수 있다(Waugh, 2002).

다섯째, 참여정책분석은 실천이성(practical reason) 중심의 폭넓은 합리성을 추구한다. 참여정책분석은 원칙적으로 실천이성에 의하여 지도되고, 공리적 합리성(utilitarian calculation)과 공유적 합리성(liberal rationalism)을 보완적으로 적용하여 단순한 경제적 기준을 중심으로 하는 분석(비용 / 이익 분석)을 초월하여, 공공의식 또는 공익 기준을 도출하는 등 이상 가치(ideal)와 실천행동의 통합을 지향하는(허범, 2002) 가치비판적 정책분석을 지향한다(허범, 2005).

여섯째, 참여정책분석은 탈실증주의적 방법을 활용한다. 참여정책분석에서는 현상학적 의미를 중시하고, 원칙적으로 해석학적 접근방법을 적용한다. 보통 시민들의 상호접촉관계에서 구조화되는 인식 내용, 즉 사회적으로 구성된 형상(social construct)과 의미를 분석하고 '우리 중의 하나(one of us)'가 되어 공유하고 있는 의미를 해석하는 접근을 취한다(허범, 2005).

그리고 시민들은 일상적인 경험과 지혜를 통하여 정책문제를 전체적으로 판단하는 총체적 체계접근(holistic approach)을 취할 수 있고 참여하는 시민들 사이에 정책상황과 사회적 맥락에 적합한 합의를 이끌어내는 과정을 중시한다. 참여자들 사이에 이루어지는 토론은 전통적 정책분석에서 관심을 가졌던 주제들의 범위를 넘어서서 정책문제의 정의, 목표의 설정 등 규범판단적인 것들에까지 확장된다. 이는 참여정책분석이 가치비판이론을 수용하고 있음을 의미한다. 참여정책분석이 탈실증주의적 방법을 활용한다고 해서 실증주의적 방법을 활용하지 않는다는 것을 의미하지는 않는다. 실증적 방법은 사실의 파악, 인과관계의 확인 등 정책분석과정에서의 시민토론을 지원하기 위하여 보조적 또는 보완적으로 활용된다.

일곱째, 참여정책분석에 참여하는 시민조직과 의회와 다른 점은 전자가 미리 정해진 일정 기간 동안만 특정의 정책이슈에 대해서 관여한다는 것이다. 의회 의원들과 달리 참여 시민들은 선거구민이나 이익집단의 영향력에서 벗어나 있다는 점에서 차이가 있고 이는 참여정책분석을 통해서 공익을 지향하고 다양한 관점을 균형 있게 고려할 수 있다는 가능성을 시사하는 것이다(Renn et al, 1993). 이때 정책분석과정에 참여하는 사람들이 갖는 대표성의 성격에 대해 논란이 있을 수 있다. 선거로 선출된 의회 의원들의 대표성과 비교해서 정책분석과정에 참여하는 시민들의 대표성이 비슷하거나 더 낮다고 볼 수 없기 때문이

다. 그러나 양자의 위상과 역할이 다르다는 것을 이해한다면 의문은
풀릴 수 있다. 의회 의원들은 정책결정과정에서 직접적으로 결정권을
행사하는 기관의 구성원인 반면에 정책분석과정에 참여하는 사람들의
역할은 정책결정에 필요한 정보와 의견을 제시하는 것, 문제정의에 정
책대안에 대한 권고안을 제시하는 데에 한정되어 있다는 점에서 차이
가 있다. 또한 의회가 공식적인 시민 대표성을 갖고 있기는 하지만 구
체적인 정책문제의 해결에 있어서 시민들의 다양한 관점과 선호를 반
영하고 있다는 것을 보장할 수 없다. 그런 점에서 의회의 실질적인 대
표기능의 취약점을 참여정책분석을 통해 보완할 수 있다.

 참여정책분석 조직을 위한 핵심 고려 요소

기본적으로 참여정책분석도 정책분석의 한 유형이므로 일반적인 정
책분석활동의 주요 내용을 포함하게 되는 것은 당연하다. 참여정책분석
의 등장배경과 특성에 대한 이해에 따라 그 구체적 내용이 달라질 수
있지만 여기에서는 시민참여정책분석의 조직을 위해서 고려해야 할 핵
심요소들이 무엇인지에 대해 논의한다.

기존의 참여정책분석 조직에 대한 논의를 살펴보면 Renn 등(1993)이
제시한 3단계모형을 우선적으로 꼽을 수 있다.13) 3단계 모형은 ① 문
제를 확인하여 정책 목표를 설정하고 평가기준을 선정하는 단계, ②

---

13) Renn 등(1993)의 연구는 3단계 모형을 구성하고 있는 요소들에 대한 개념
    적인 설명과 주요한 기법들을 소개하는 데 초점을 두고 있다. 그러나 이
    들은 구체적으로 어떠한 목적을 위해 참여정책분석을 어떻게 수행할 것인
    가 등에 대해 검토하는 정책분석 기획단계는 논의하고 있지 않다.

여러 정책대안의 영향을 예측하고 측정하는 단계 그리고 ③ 무작위로
선발된 시민들이 여러 정책대안의 예상결과들을 종합하고 그 가치를
평가하며 시민의 선호를 추출하는 단계로 구성되어 있다. 이들은 참여
정책분석의 조직에서 상이한 유형의 지식을 가진 세 집단(시민, 이해관
계자, 전문가)의 선정과 참여를 핵심요소로 보고 있다. Walters 등
(2000)은 참여정책분석의 단계를 ① 문제의 정의, ② 정책대안을 평가
하는 데 사용될 기준의 설정, ③ 정책대안의 개발, ④ 평가기준에 따른
정책대안의 평가, ⑤ 정책대안의 권고 등으로 구분하고 있다.[14] 정책결
정자와 전문가 그리고 일반 시민들 사이의 대화(dialogue)를 가능케 하
는 틀로서 덴마크에서 개발된 합의회의(consensus conference)는 ① 시
민패널이 제기한 질문들에 대해서 전문가들이 각자 자신의 전문영역에
서의 경험을 토대로 답변하는 단계, ② 추가질문을 위한 예비시간을
두는 한편 시민패널과 전문가. 시민패널과 방청객들과의 토론을 전개하
는 단계, ③ 시민패널이 최종 보고서를 작성하고 그들의 최종 결론과
권고안을 제시하는 단계, ④ 시민패널이 전문가와 방청객들 그리고 언
론에 최종 보고서의 내용을 설명하는 단계로 구성된다(Anderson and
Jaeger, 2002). 여기에서는 패널(전문가패널, 시민패널)의 구성과 패널들
사이의 토론과 상호작용의 조직화가 핵심요소가 된다. Hamlett(2001)은
대면적인 형태의 합의회의 방식과 인터넷을 통한 합의회의 방식, 두
가지 형태의 합의회의를 제시하면서 ① 토론 주제의 선정, ② 조정통
제위원회(oversight committee)의 구성(주제 관련 자료의 제공, 패널리스
트의 선정 등을 지원), ③ 전문적 조정·지원자의 위촉, ④ 시민 패널

---

14) Walters 등의 참여정책분석단계의 구분은 일반적으로 이해되는 정책분석단
   계와 다르지 않다(Bardach, 1996; MacRae and Whittington. 1997; Dunn,
   2004). 그들은 참여정책분석의 목적과 분석대상이 되는 쟁점의 특성에 따
   라서 참여의 내용과 성격이 달라지고, 참여정책분석의 성공 여부는 시민참
   여의 목적과 쟁점의 특성에 의존한다고 주장한다. 그러므로 참여정책분석
   이 성공적으로 이루어지기 위해서는 이러한 두 요소를 충분히 고려해서
   분석과정을 관리하는 것이 필요하다.

리스트 선정, ⑤ 주제 전문가의 선정, ⑥ 사전 사후 설문조사(pre-and post conference questionnaires)[15] 등이 합의회의 조직의 핵심요소라고 지적한다.

지금까지의 논의를 종합해 보면 Renn 등(1993)과 Walters 등(2000)은 일반적인 정책분석의 틀을 토대로 참여정책분석의 구조를 설명하는 반면에 Haight와 Ginger(2000), Hamlett(2001) 그리고 Anderson과 Jaeger(2002) 등은 상대적으로 전문가와 일반 시민들 사이의 대화와 토론을 위한 틀로서의 참여정책분석의 조직에 더 큰 관심을 갖고 있음을 알 수 있다. 참여정책분석의 과정을 기획, 실행, 보고의 세 단계로 나눌 때 Renn 등(1993)과 Hamlett(2001)는 주로 실행단계에, Walters 등(2000)과 Anderson과 Jaeger(2002) 등은 주로 실행과 보고단계를 참여정책분석의 핵심단계로 보고 있다. 이들이 기획단계의 중요성을 전적으로 무시했던 것은 아니지만 상대적으로 기획단계를 소홀히 취급하고 있는 것은 분명하다. 그러나 참여정책분석이 성공적으로 실행되기 위해서는, 더군다나 참여정책분석에 대한 논의가 초기 수준에 머물러 있을 뿐만 아니라 도입의 필요성과 실질적 방안을 검토해 보아야 할 우리로서는 기획단계에 대한 관심이 특별히 강조된다.

참여정책분석의 조직화에서 중요한 것은 일반적인 정책분석의 요소와 과정을 고려하여 ① 유형별 적절한 참여자의 선택과 적합한 역할부여, ② 다양한 관점이 표출될 수 있고 생산적인 토론을 가능케 하는 분석과정과 운영방식의 설계[16] 그리고 ③ 참여자들 사이의 상호이해

---

15) 이 설문조사는 합의회의 참여자들이 주제에 대한 이해도나 태도가 어떻게 변했는지를 파악하고자 하는 것임

16) Habermas는 대화와 토론이 잘 이루어지기 위해서는 의사소통과정에서 말하는 자와 듣는 자가 ① 서로 이해할 수 있도록 표현해야 하며(이해가능성). ② 참명제를 전달할 의도를 가져야 하고(진실성). ③ 믿을 수 있고 진실하게 말해야 하며(성실성). ④ 의사소통 공동체의 맥락에서 자신의 의도를 규범적으로 올바르게 표현해야 한다(정당성)고 지적한다(Habermas, 1973, 문태현. 1992: 273에서 재인용).

증진과 합의도출을 촉진할 수 있는 의사결정원칙과 형식의 설계라고
정리할 수 있다. 참여정책분석의 조직화는 참여정책분석의 개념적 특성
에 대한 이해를 토대로 분석대상이 되는 쟁점의 특성[17]을 고려하여 여
러 다양한 구성요소를 논리적 시간적 순서나 참여자들의 행위와 행위
관계를 고려하여 조직화하는 것이 필요하다.

 맺음말

이 연구에서는 참여정책분석의 등장배경과 개념적 특성을 살펴보고
이를 토대로 과학기술정책의 결정을 위해서 참여정책분석을 조직할 때
어떤 요소들이 고려되어야 할 것인지를 시론적으로 논의하였다. 참여정
책분석은 실증적이고 엘리트주의적인 전통적 정책분석의 한계에 대한
인식에서 비롯되어 일반 시민의 다양한 관점과 가치관, 경험과 상식,
선호 등을 정책분석과정에 반영하여 정책결정의 민주성과 질적 개선을
도모하려는 의도에서 등장하였음을 논의하였다. 여러 학자들의 개념정
의에 대한 분석을 토대로 이 연구에서는 참여정책분석을 "일반 시민을
대표할 수 있는 다수의 보통 시민을 포함한 정책관련자들이 정책분석
과정에 참여하여 정책문제를 정의하고, 정책대안을 탐색, 설계, 평가하
여 권고하는 정책분석접근법"이라고 정의하였다. 이렇게 정의되는 참여

---

17) 쟁점은 ① 쟁점을 둘러싼 갈등의 정도, ② 이해관계자의 수, ③ 쟁점 관련
    정보에 대한 확신의 정도, ④ 문제해결 대안의 수, ⑤ 대안의 예상결과에
    대한 지식, ⑥ 대안 결과의 발생확률 등에 따라 명확히 정의할 수 있는
    문제와 명확한 정의가 어려운 문제 그리고 그 중간 성격의 문제 등으로
    분류할 수 있다.

정책분석은 개념상 일반 시민이 참여하는 정책분석, 정책결정과정 참여와 구별되는 분석적 활동에서의 참여, 합리성과 민주성의 조화 지향, 탈실증주의적 접근 그리고 토론 중시 등의 특성을 갖고 있음을 논의하였다.

참여정책분석은 실증주의적 정책분석을 비판하면서 등장한 것이긴 하지만 실증주의적 정책분석을 완전히 대치하는 정책분석 접근법이 아니라 보완적인 성격을 가진 접근법이다. 따라서 전문가의 전문적인 지식과 일반 시민의 관점과 경험, 선호 등을 어떻게 하면 합리적으로 통합함으로써 정책결정의 민주성과 합리성을 제고할 수 있을 것인지를 보다 심층적으로 논의하는 것도 우리에게 남겨진 또 다른 중요한 과제이다.

참여정책분석에서 활용되는 핵심적인 방법은 참여자들 사이에 이루어지는 토론이다. 토론의 성패가 참여정책분석의 성공 여부를 좌우한다. 그러므로 합리적 정책토론을 가능하게 만드는 좋은 여건을 조성하고, 어떻게 실효성 있는 정책토론을 조직하고 운용할 것인지에 대한 논의는 앞으로의 연구과제로 남겨져 있다.

참여정책분석의 질은 정책분석과정의 공개성과 투명성, 참여자의 대표성과 동등성, 분석과정에서의 조작행위 배제 등에 의해 평가될 수 있다(Mayer et al., 2004). 그러므로 정책분석과정의 공개성, 투명성 그리고 참여자 선정에 있어서 대표성과 동등성(equality)의 확보를 위한 구체적인 방법, 참여정책분석에서 활용될 수 있는 다양하고 실효성 있는 방법의 개발 등도 앞으로 우리가 다루어야 할 중요한 연구과제이다.

과학기술정책과 거버넌스 구조 논의: 기본개념과 이론모형

I 서 론

과학기술 환경변화로 기존의 정부주도의 과학기술정책에 대한 대안적 패러다임의 모색작업이 다양하게 일어나고 있다(Freeman, 1987; Nelson, 1993; Lundavall, 1992; Etzkowitz & Leydesdorff, 2000; Miller & Morris, 2001). 최근 과학기술정책연구를 하는 학자들뿐만 아니라 실무영역에서도 관심영역으로 자리잡아가고 있는 거버넌스(Governance)의 등장과 EU 등에서의 총체적인 과학기술정책론(Holistic S&T Policy)의 대두나 국가혁신체제론적(National Innovation System) 과학기술접근 등도 이러한 맥락에서 이해될 수 있다.

최근 첨단신기술의 등장과 과학기술이 사회·경제에 미치는 영향의 증대 등에 따라 과학기술환경이 급속하게 변화하고 있다. 더욱이 지식기반경제하에서는 지식의 창출과 확산, 활용을 위한 국가기술혁신시스템의 구축이 중요하게 부각되고 있고, 사회의 과학기술에 대한 수요가 확대되면서 과학과 사회의 융합이 가속화되고 있다. 한편 시민사회 및 관련 기관 등 다양한 주체들의 참여로 과학기술정책과정이 복잡해지고 있다. 이러한 대내외적인 환경변화는 과학기술정책 패러다임의 근본적인 변화를 요구하고 있다. 21세기의 지식기반사회(Knowledge Based Society)에서는 정보와 지식이 부가가치 창출의 원천이 되며, 국제사회의 개방과 국가 간 경쟁의 가속화로 지식과 기술의 적극적인 활용을 통한 경쟁력 확보가 필요할 것이며, 지시기반사회로의 가속화는 정부·기업·개인 등 모든 경제 주체의 생활방식과 관행 및 사회시스템의 변화를 동시에 가져오고 있다. 더욱이 우리사회는 인간중심의 네트워크사회, 국제적 개방 및 과학기술기반사회 등의 환경변화가 가속화되고 있다.

지식기반사회에서 잠재적인 경쟁력 우위는 지식의 생산, 유통 및 활용을 위한 혁신 주체들 간의 네트워크화된 새로운 활동방식으로부터 나오게 된다.[18] 네트워크 접근방법은 각 개체의 속성보다는 시스템의 요소들 사이의 관계를 바탕으로 하여 사회시스템의 구조를 파악하는 것이다(Wasserman & Faust, 1994). 따라서 국가혁신시스템의 성공 여부는 참여자 사이에 존재하는 네트워크의 역동성(Dynamics)의 수준에 따라 결정된다.

과학기술정책과 거버넌스에 관한 논의는 일반적인 거버넌스에 관한 논의와 많은 다른 특징적인 요소들을 지니고 있다. 특히 최근 기술개발환경의 변화와 함께 혁신체제론적 관점에서의 과학기술 거버넌스에 대한 관심이 높아지고 있다. 과학기술 분야는 고도의 전문성이 요구되는 특성상 정부의 선택과 결정 결과가 과학기술 전반의 지적이해수준을 압도하기 어려우므로 정부의 자기의존성을 줄이고 산·학·관 협력 네트워크와 시민참여를 중시하며 정부는 조정역할에 치중하는 과학기술정책에서의 거버넌스적 과정은 자연스러운 변화에 대한 적응이라고 볼 수 있다(STEPI, 2005).

본 연구는 과학기술의 환경변화에의 적응과정 속에서 과학기술정책에 있어서 거버넌스의 개념이 어떻게 적용될 수 있는지를 모색하는 것이다. 따라서 거버넌스의 개념과 과학기술정책의 특성에 대한 이해를 바탕으로 과학기술정책의 거버넌스적 해석을 위한 체계적인 접근모형을 찾고자 하였다. 특히 본 연구는 최근 등장하고 있는 혁신체제론적 입장에서 과학기술정책의 본질을 파악하고 거버넌스의 다양한 측면을 고려하여 초기단계에 있는 과학기술정책의 거버넌스적 논의의 틀을 마련하고자 한다.

---

18) Gibbons 등(1994)은 이러한 형태의 지식 조직과 생산을 '모드2(Mode2)'로 표현하고 있다.

 과학기술정책과 거버넌스의 개념적 논의

과학기술정책의 거버넌스적 이해를 위하여 거버넌스 본질에 대한 광범위한 개념을 정의하고 국가의 포괄적인 과학기술정책구조를 이해하는 것이 필요하다. 따라서 본 장에서는 먼저 거버넌스란 무엇이며, 그 의미의 다양성에 관한 논의를 중심으로 거버넌스의 본질에 대하여 살펴보고, 과학기술정책과 거버넌스 관계를 살펴보고자 한다.

1. 거버넌스의 개념과 본질

거버넌스에 대한 이론적 관심은 지배구조유형 변화에 대한 관심을 반영하는 것이며, 공사부문의 경계가 불명확한 지배유형의 등장과 관련된다(Stoker, 1998). 거버넌스는 최근 행정학을 비롯한 대부분의 학문 분야에서 유행어가 되었으며, 다양한 의미로 사용되고 있다(Mayntz, 2003). 거버넌스 이론의 핵심은 바람직한 거버넌스의 가정, 즉 거버넌스 논리에 있다(이명석, 2002). 거버넌스가 추구하는 합리성은 시장이 추구하는 절차적 합리성(Procedural Rationality)과 국가가 추구하는 실체적 합리성(Substantive Rationality)보다는 반성적 합리성(Reflective Rationality)이라는 것이다. 따라서 거버넌스는 보이지 않는 손에 의한 결정보다는 대화, 협상 및 조정을 통한 타협이나 동의에 더 큰 가치를 둔다(Jessop, 2000).

거버넌스에 관하여는 지금까지 많은 관련 연구에서 사용되고 있는 '정부로부터 거버넌스로(From Government to Governance, Heere W.P. (ed), 2004; Mayntz R., 2003;)'와 '정부 없는 거버넌스(Governance without Government Rosenau & Czepiel, 1992)' 등의 표현에서 의미하는 바와

같이 전통적인 계층제적 관료제 정부를 대신하는 '새로운 바람직한 무엇'의 의미로 사용되고 있다. 따라서 거버넌스는 가끔 실질적인 이유보다는 수사적인 이유로 사용되기도 한다.

Osborne & Gaebler(1992)는 거버넌스를 더 잘 관리되는 재창출된 정부의 형태로, Pierre(2000: 3)는 거버넌스를 복접성과 다양성으로 특징지워지는 환경변화에 대한 반응, 즉 외부환경에 대한 국가적 적응의 의미로 사용하고 있다. Rhodes(1996: 652)는 거버넌스를 정부의 의미의 변화, 새로운 지배과정, 변화된 지배규칙 혹은 사회가 지배되는 새로운 방식의 의미로 사용한다. 거버넌스는 궁극적으로 바른 규칙과 집합적인 행동 조건을 만드는 것과 관련된다. 따라서 정부와 거버넌스는 그 결과의 차이가 아니라 과정의 차이 문제라고 할 수 있다(Stoker, 1998: 17). Williams(2001)는 국가 전체적인 차원에서 정책목표조정, 정책결정, 정책평가 및 환류 등의 메타정책(Meta-Policy)이 거버넌스라고 정의한다. 한편 Barzeley(1992), Kooiman(1993) 및 Rose(1996)는 급격한 후기 관료주의 세계의 이론의 발전인 거버넌스 체계는 공공조직의 비관료적 형태에 기초를 두고 있으며, 이들 이론들의 1차적인 관심은 공공조직의 가장 이상적인 역할유형을 찾는 데 있다.

이명석(2002)은 행정학, 성치학 등 다양한 학문 분야에서 대두되고 있는 거버넌스의 이론을 검토하고, 이를 통해 거버넌스에 대한 다양한 측면에서 개념정립을 시도하였다. 공통문제 해결기제로서의 거버넌스(최광의의 정의), 정부관련 공통문제 해결기제로서의 거버넌스(광의의 정의), 및 신거버넌스로서의 거버넌스(협의의 정의)로 구분하고 있다. Pierre(2000)는 정부가 주도적인 역할을 하는 구거버넌스(Old governance)와 정부와 시민사회 간의 파트너십 및 네트워크가 주도적인 역할을 하는 신거버넌스(New governance)로 구분한다. 한편 국가중심, 시장중심 및 시민사회중심 거버넌스로 구분하기도 한다(김석준, 2000).

이처럼 학자들마다 거버넌스에 대한 다양한 정의를 내리고 있다. 그러나 아직 거버넌스에 대응하는 적절한 표준적인 한국 용어에 대한 합의가 이루어지지 않은 상태이다. 공통적인 사실은 공사부분 간의 경계가 불분명한 지배유형의 발전 형태이며, 다양한 지배 및 영향관계 있는 행위자들의 상호작용의 결과라는 포괄적인 개념으로 사용되고 있다. 계층제적 관료적 지배구조(Bureaucratic governance)에 대한 대안으로서 등장한 신거버넌스(New Governance)의 개념들은 애매하지만 설득력이 있는 개념이다.

지금까지 분야별 거버넌스에 대한 논의는 그 개념 또한 사용되는 분야에 따라 약간씩 다른 의미를 내포하고 있다. 로컬 거버넌스, 환경 거버넌스, 글로벌 거버넌스를 비롯하여 구체적인 정책영역으로서 IT 거버넌스, 디지털 거버넌스, 과학기술 거버넌스 그리고 메타 거버넌스(Meta-Governance)[19]와 다층 거버넌스(Multi-level Governance)[20] 등의 다양한 개별영역별 지배구조에 대한 논의가 본격적으로 이루어지고 있다. 공공 및 민간부분 주체들 간의 네트워크는 정보통신, 보건복지 및 과학기술정책 등의 하위세부정책에서도 나타나고 있으나 각각 이러한 정책네트워크의 구성이나 특성이 다르다(Marin & Mayntz, 1991).

2. 과학기술정책의 특성과 거버넌스

이제 거버넌스에 대한 개념이나 이론적 소개는 상식을 넘어 하나의 규범적 가치가 되고 있다. 최근의 관심은 민영화, 개방화, 탈규제 등 시장중심적 신자유주의 논리에 따른 통치구조의 재편방법에 대한 관심

---

19) 메타 거버넌스는 거버넌스의 거버넌스(Governance of Governance)로 상위 거버넌스를 의미함(Jessop, 2000; Kooiman, 2000; 이명석, 2002).

20) 유럽연합(EU)의 경우가 대표적인 다층 거버넌스(Multi-level Governance) 구조이다. 수직적 권위관계보다는 회원국가대표들의 네트워크, 유럽연합차원의 의사결정, 공공부문과 정치적인 차원에 있어서의 공공 분야와 민간 분야 주체들 간의 연계네트워크 등의 네트워크가 지배적인 구조이다(Kohler-Koch, Eisung, 1998).

이 모아지고 있으며, 하위 정책영역에서 거버넌스적 이해를 위한 노력과 거버넌스 구축을 위한 방법에 관한 실질적인 연구들이 이루어지고 있다. 과학기술정책 분야에서의 거버넌스 연구는 혁신체제론을 중심으로 한 유럽학자들의 연구와 유럽연합에서의 ERA(European Research Area) 구축을 위한 실질적인 노력을 통해 유럽국가들을 중심으로 활발한 연구들이 이루어지고 있다(Erick, Patries & Patrick, 1996; Erik et al., 2003; Jacob, Kuhlman & Smits, 2003; Metcalfe and Georghiou, 1998; Technopolis-Group et al., 2002). 최근 국내에서도 2000년 이후 과학기술정책 거버넌스에 관한 연구들이 시도되고 있다(과학기술부, 2002; 권기창. 배귀희, 2006; 송위진, 2004; 홍성만, 2004). 과학기술정책 거버넌스의 연구는 지금까지 주로 과학기술정책과정에 시민참여방식과 경향에 관한 연구를 중심으로 과학기술정책 거버넌스 연구가 이루어져왔다.

정책이란 목적 가치와 실행을 투사한 계획(Lasswell & Kaplan, 1970) 혹은 가치관 속에 들어 있는 당위성과 현실적으로 가능한 행동을 통합함으로써 문제시되는 어떤 현실의 내용을 바람직한 방향으로 변화시키려는 지침적 결정(허범, 1981) 등으로 정의하고 있다. 따라서 과학기술정책은 국가과학기술발전을 위한 정부의 지원 및 촉진을 위한 수단과 방법에 관한 의사결정으로 정의할 수 있다. 과학기술정책에 있어서의 거버넌스의 대두와 중요성은 다음과 같은 이유로 증대되고 있다(Technopolis-Group et al., 2002). 첫째는 과학기술에 대한 사회적 수요의 증가와 과학외적인 요인의 참여증가가 자연스럽게 이루어지면서 과학과 사회의 사회적 계약의 본질이 변화되고 있다. 둘째는 행정에서 신공공관리론의 지속적인 확산은 다른 분야와 마찬가지로 과학기술정책에 있어서도 사회적 목적을 달성하기 위하여 국가의 세금을 사용한 것에 대한 투명성과 효율성 증대 요구가 커지고 있다. 셋째는 지식의 생산, 유통 및 활용방식의 변화로 인한 순수연구와 응용연구 사이 그리고 타 지식 분야 간 학문적인 연계 및 지식생산자 간의 연계의 필요성이 증가하고 있다. 넷째는 국가경제사회적인 발전에 있어 과학기술의 영향이 점차 증대되고 있다. 다섯째는 과학기술은 국가의 정책적 책임 영역이지만, 국제적인 참여자 혹은 지역 참여자가 전체 정책 사이클에서 차지하는 비중이 더욱 커지고 있어 게임의 규칙에의 변화가 요구되고 있다.

과학기술정책의 거버넌스적 이해가 주는 시사점은 다음과 같다(Erik Arnold et al., 2003). 첫째는 과학기술커뮤니티 외의 사회적 행위자와 기관들이 점차 과학기술 거버넌스 범주에 참여하는 경우가 늘어나고 있다. 의제설정 및 우선순위 결정에 참여하는 이해관계자들의 다양성을 의미한다. 의사결정과 우선순위결정에 넓은 관점과 아울러 더욱 전략적인 사고력이 요구된다. 둘째는 거버넌스 메커니즘은 기관 간의 조정 및 통일된 정책을 위해 필요성과 과학기술의 시스템적인 본질을 다루는 데 필요하다. 이것은 다음 세 가지의 수평적인 조정을 의미하는 것이다: 1) 과학기술의 사회경제적인 다른 목적을 조정하고 조율하는 것. 2) 지식창출과 혁신을 위한 지식사용의 통합. 혁신시스템에서 지식생산 체인에서 각기 다른 역할을 하고 있는 혁신 주체들의 협력을 유도함을 의미함, 3) 생명공학기술과 같은 범학문적인 연구수요와 기후환경변화와 같은 범학문적인 접근이 필요한 가장 우선적인 사회문제를 다루기 위한 각기 다른 과학적 이론지식의 융합을 의미. 셋째는 거버넌스 메커니즘은 연구개발비지원 및 성과시스템에서 변화를 다루는 데 필요하다. 중복되거나 경계가 모호한 경우 변화가 동반되며, 이러한 중복을 제거하는 것이 성과를 향상시키는 것만은 아니다. 넷째는 거버넌스 메커니즘은 결정된 정책의 효과적인 집행을 가능하게 한다. 다섯째는 혁신시스템 실패의 일부는 거버넌스의 실패로 인한 것이다. 따라서 거버넌스 시스템은 그러한 실패가 파악되어 조정이 가능하도록 충분히 반응적이어야 한다.

본 연구에서 거버넌스는 포괄적으로 행정개혁에 필요한 바람직한 모든 변화의 의미로 사용하고자 하며(Stoker, 2002), 다만 사회체제 특히 국가혁신체제적 관점에서 과학기술정책관련 조정과정에서 정부의 역할과 시민참여에 거버넌스 구조분석의 초점을 두고 있다.

 ## 제3세대 과학기술혁신정책이론과 거버넌스

　　과학기술정책의 거버넌스적 이해를 위한 개념적 틀은 그동안 Nelson, Edquist와 Lundvall 등의 학자들에 의해 연구되어 왔었던 혁신체제적 접근과 거버넌스의 개념의 조합으로 가능할 수 있을 것이다(Edler J., Kuhlman S., Smits R. 2003). 이러한 복합적인 접근은 과학기술정책결정자와 이해관계자의 제한된 합리성(bounded rationality), 정책의 경로의존성, 정책결정과 집행과정에서의 학습과 지식의 중요성 그리고 무엇보다도 지금까지와 같은 개별 혁신 주체(Actors)보다는 네트워크와 클러스터의 의미에 초점을 둔 과학기술성책의 변화를 의미한다.

　　Freeman 이후 국가차원에서 기술혁신이 일어나도록 하기 위해서 정부의 역할이란 측면에서 기술혁신의 성과가 국가마다 차이를 보이는 근본적 원인은 어디에 있는가에 대해 그동안 많은 연구가 이루어졌다. 이와 같은 국가혁신체제에 대한 거시적인 접근은 국가혁신체계론(NIS)(Freeman, 1987; Nelson, 1993; Lundavall, 1992; Poter, 1990; Nelson & Rosenberg, 1993; OECD, 1997; Patel & Pavitt, 1998) 및 삼중나선모형(Triple Helix Model)(Etzkowitz & Leydesdorff, 2000) 등 제3세대 과학기술혁신정책이론과 새로운 개념들이 다양하게 등장하고 있다.

1. 국가혁신체제론(National Innovation System)

국가혁신체제론(NIS)은 Freeman(1987)이 국가과학기술발전에 영향을 주는 다양한 요소들을 포함시킨 혁신체제론을 이론으로 발전시킨 것이다. 그는 1980년대 일본경제의 비약적인 성장을 설명하기 위한 분석틀로서 국가혁신체제를, 상호협력을 통해 신기술을 창출하거나 수입, 수정 및 전파하는 공공 및 민간부문의 네트워크로 정의하고 있다. 혁신 주체 간 네트워크 및 상호작용과 학습을 통한 혁신 주체 간 지식이전 정도가 혁신환경을 구성하며, 하나의 시스템으로서 혁신체제가 서로 다른 국가 간 혁신양태를 결정하는 중요한 요인이기 때문에 특정 국가의 혁신성과는 궁극적으로 개별혁신 주체들과 그 네트워크로 구성된 전체 시스템에 의해 결정된다고 보는 혁신체제론의 기본관점을 정립하였다.

Nelson(1982)은 국가혁신체제를 '그 상호작용이 국가 내 기업의 혁신성과를 결정하는 조직들의 집합체로 정의하고 혁신 주체 혹은 조직이 어떤 제도 속에서 혁신성과를 만들어 내는지에 관심을 보였다. Lundvall(1992)은 연구 활동에 영향을 미치는 국가의 모든 조직과 제도로 그리고 Nelson & Rosenberg(1993)는 국가혁신시스템의 개념을 국가의 기술혁신과정에 주된 역할을 수행하는 혁신 주체들의 집합으로 정의하면서, 기술혁신 과정에서 혁신 주체들의 역할과 이들 간의 상호작용을 중요하게 인식하고 있다. 이처럼 국가혁신체계는 혁신 주체(Innovation Actors)들의 활동과 상호작용 및 혁신 주체들을 직접적으로 지원하거나 기술혁신 친화적인 환경을 조성하기 위한 각종 제도적인 요인들로 구성되어 있다(Carlsson and Jacobsson, 1994).

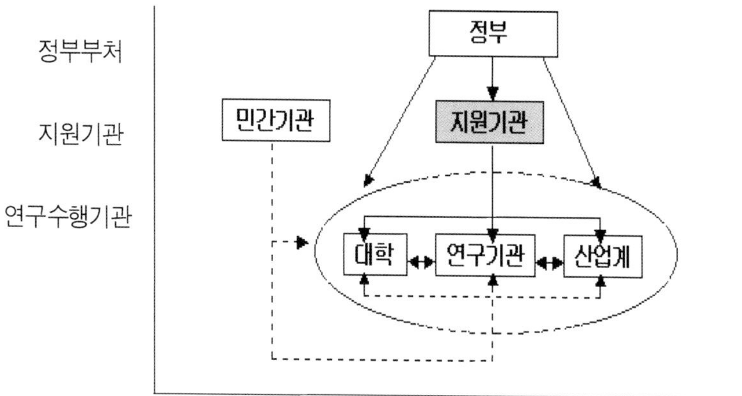

자료: 홍형득. 조만형. (2005). 한국과 영국의 연구지원시스템 비교연구.
한국행정논집. 17(3): 960.

〈그림 1〉 국가혁신체계와 구성요소

이와 같이 국가혁신체계란 기술혁신을 국가라는 커다란 시스템 속에서 파악하기 위한 개념적 틀로서, <그림 1>에서 보는 바와 같이 정부를 포함한 기술혁신의 주체인 기업·대학·공공연구기관 등 참여 주체들을 포괄하는 종합적이며, 집합적인 개념이다. 여기에는 기술혁신에 대한 시스템적 접근을 통해 기술혁신에 대한 메커니즘, 기술혁신의 성공요인 및 인과관계 등을 파악할 수 있다는 전제가 있다. 이들 혁신주체(Innovation Actors)들의 활동과 이들 간의 상호작용 그리고 혁신주체들을 직접적으로 지원하거나 기술혁신 친화적인 환경을 조성하기 위한 각종 제도적인 요인들로 구성되어 있다(Carlsson and Jacobsson, 1994). 본 연구에서는 이러한 국가혁신체계를 구성하고 있는 정부를 중심으로 한 요소들의 역할과 네트워킹에 초점을 둔다.

2. 삼중나선모형(Triple Helix Model)

기술혁신에 있어서의 삼중나선모형(Triple Helix Model)은 혁신을 지식의 상품화 과정의 여러 단계에서 산·학·관 주체들 사이의 복합적인 상호관계를 나선형의 움직임으로 보고 있다(Etzkowitz & Leydesdorff, 2000: 112). 이 모형은 혁신 주체들 간의 다양한 협력 및 정책모형에 대한 분석과 그들의 동태성 분석에 초점을 두고 있으며, 혁신 주체들 간의 관계뿐만 아니라 각 혁신 주체의 내부적 연계문제에도 관심을 가지고 있다(Etzkowitz & Leydesdorff, 2000: 118). Etzkowitz & Leydesdorff(2000)는 과학기술정책 영역에서 '기술혁신을 위한 거버넌스'를 Triple-Helix 모델로 설명하고 있다. <그림 2>에서 보는 바와 같이 어떤 국가의 지식생산은 대학, 기업 및 정부의 네트워크를 중심으로 한 삼중나선형의 움직임으로 파악한다. Triple-Helix 모델에서는 최근에 강조되는 국가혁신시스템의 성공 여부 또한 산·학·관 사이에 존재하는 네트워크의 역동성(dynamics) 수준에 따라 결정된다.

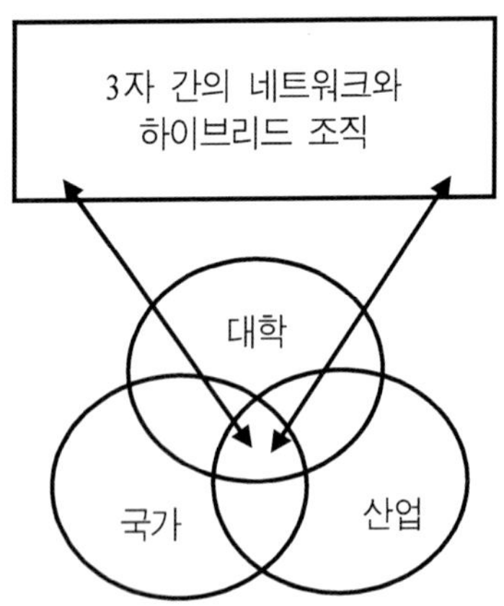

자료: Etzkowitz & Leydesdorff. (2000). 118.

〈그림 2〉 Triple Helix 모형

3. 3세대 혁신정책(총체적 혁신정책)

유럽연합(2002)은 *Innovation Tomorrow: Innovation Policy and the Regulatory Framework, Making Innovation an Integral Part of the Broader Structural Agenda*라는 정책보고서를 발간하면서, EU 차원의 새로운 혁신정책의 방향을 '제3세대 혁신정책(The Third Generation Innovation Policy)'로 명명하고 모든 정책영역에서 혁신을 중심으로 접근하는 정책체계의 구축의 필요성을 주장하고 있다. 유럽연합의 과학기술정책 변화는 사회와 기술혁신의 결합을 촉구하고 있다. 혁신활동이 사람들의 일상생활과 사회적 혁신에 긍정적인 사회경제적 영향을 주는 방향으로 과학기술정책을 수정하였으며, 혁신체제의 효율성과 혁신능력을 높이기 위한 다양한 방법들을 고려하고 있다. 지식이 모든 곳에서 핵심적인 요소가 되고 있는 지식기반사회에서 혁신은 연구실과 공장을 넘어 매우 다양한 영역에서 일어나고 있기 때문에, '여러 정책들과 혁신의 관계', '혁신과 정책결정과의 관계' 등을 종합적으로 보는 제3세대 혁신정책의 시각이 필요하다고 주장하고 있다. 경쟁, 소비자, 무역, 교육, 환경, 정보통신, 수송, 조세, 시역 능을 비롯한 모든 정책영역에서 혁신을 중심으로, 혁신을 위한 정책체계의 구축의 필요성을 제기하고 있다.

Innovation Tomorrow에서 제시된 혁신정책의 발전단계를 3단계로 구분하고 있다. 제1세대 혁신정책(2차대전~1990년)은 기술혁신의 선형모델에 기초하고 있다. 이 과정은 실험실 과학에서 출발하여 새로운 지식이 상업화 단계에 이르기까지 경제시스템으로 확산된다는 것이다. 여기서 정책의 강조점은 과학기술정책의 방향을 설정하고, 혁신체인의 흐름을 원활하게 하는 것이다. 제2세대 혁신정책(1990년대 이후~현재)은 1세대의 선형성을 극복하고 연구에서 상업회 과정에 이르는 수많은 피드백 루프를 가진 혁신시스템의 복잡성을 인식하고 있다. 여러 혁신

주체들의 상호작용적 학습을 통해 혁신이 이루어진다고 파악하고 있다.

제3세대 혁신정책(현재~)은 모든 정책의 핵심에 혁신을 위치시킨다. 2세대 혁신정책의 의의는 아직도 충분히 존재하지만 2세대 혁신정책만으로는 사회적으로 필요한 혁신을 이끌어 내기에 충분하지 않으며 혁신과 다른 정책영역과의 관계, 혁신과 정책결정과정과의 관계 등에서 다양한 법·제도적 지원이 필요하다는 것이다. 제3세대 혁신정책의 정책제안은 전반적인 방향은 규제개혁과 제도개혁 및 거버넌스 구축이다. 거버넌스 구축은 시민참여확대가 주요 방향이며, 잠재적인 사회·윤리적인 문제들이 다루어져야 하고, 공개성 및 참여의 제도화를 위한 노력 등을 포함하고 있다.

4. 4세대 R&D

Miller & Morris(2001)는 연구개발(R&D)의 역사를 약 4단계로 구분하고 있다. 제1세대 연구개발은 100여 년 전에 시작되었다. 이 시기는 뛰어난 과학자들에 의한 기술개발시대다. 제2세대 연구개발은 제2차세계대전이 끝난 뒤, 1950년대부터 이며, 기초기술의 오랜 역사를 지닌 유럽국가보다 미국의 군사력이 압도적인 우세를 보인 이유가 바로 합리적인 연구개발 관리에 있었다는 것이 알려지면서 시작되었다. 제3세대 연구개발혁신은 1980년대 정보화 진전, 변화의 가속화에 따라 연구과제의 성공이 바로 기업발전으로 연결되지 않는다는 자각에서 시작되었다. 이 시기에는 비로소 연구개발부문에 고객만족, 사업전략과의 연계가 강조되기 시작하고 기술 로드맵(Road Map), 기술 포트폴리오(Portfolio), 라이프 사이클(Life Cycle) 등과 같은 키워드가 도입되었다. 이에 비해 제4세대 연구개발 혁신은 디지털 혁명, 융합, 복합화 시대의 생존전략 차원의 혁신이다. 제4세대 연구개발과 제3세대 연구개발의 가장 큰 차이점은 제4세대 연구개발이 조직 내외 관련부문 간 상호의존적 학습, 경쟁 아키텍처의 확보, 제품 플랫폼 개발, 암묵지 형태의 지식을 체계적으로 관리하기 위한 지식 채널을 강조하고 있다는 것이다.

<그림 3>에서 보는 바와 같이 제4세대 R&D는 기술혁신과 관련된 여러 주체들 간의 상호의존적인 학습과정으로 파악되며, 소비자의 니즈와 기술적 능력이 결합되어 공동으로 진화한다. 기업이 제공할 수 있는 기술적 능력 및 개념이 고객의 실질적인 수요를 바탕으로 평가된다. 이를 통하여 기업으로 하여금 경쟁기업들보다 훨씬 빨리 학습하여 고객이 필요로 하는 기술혁신을 창출하여 기업의 지속가능한 경쟁우위를 확보하게 할 수 있다. 따라서 내부의 다양한 조직 및 집단들과 외부의 고객들이 연구개발 과정에 공동으로 참여하여 기술혁신을 창출하려는 새로운 유형의 연구개발 패러다임이 제4세대 R&D이다(Miller & Morris, 2001).

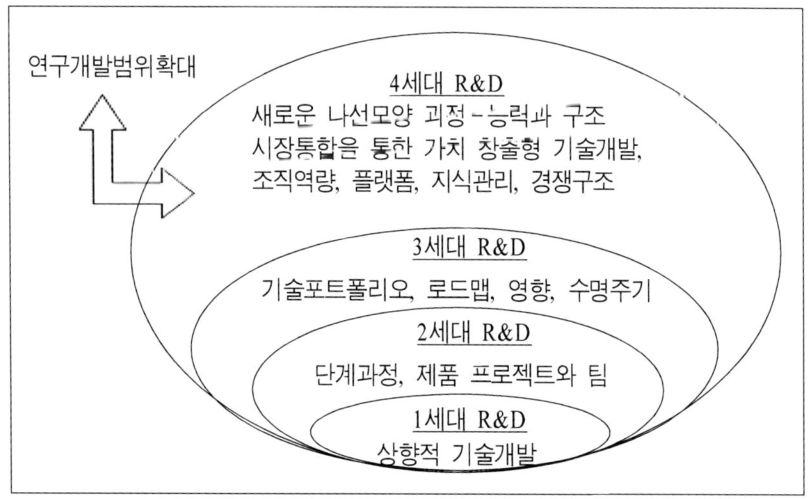

〈그림 3〉 제4세대 R&D

지금까지 살펴본 바와 같이 제3세대 혁신정책이론들의 핵심적인 부분은 거버넌스적 의미가 내포되어 있다. 국가혁신체제론은 과학기술의 혁신은 단순히 과학기술 자체의 문제로 해결할 수 없는 사회 전체의 시스템의 문제라는 것과 이후 Triple Helix 모형, 제3세대 혁신정책론과 제4세대 R&D 등 혁신이론은 여기에서 더 나아가 과학기술의 발전과 혁신과 경제발전의 문제는 하나의 사회 전체적인 시스템적인 방식에서 사고되어야 한다는 것이다. 이러한 점에서 국가혁신체제론과 그 후의 3세대 혁신이론들은 거버넌스의 이론적 맥락과 크게 다르지 않다는 것이며 거버넌스의 혁신이론과의 이론적 결합 가능성을 보여주는 것이다.

 과학기술정책의 거버넌스 구조분석모형

기술혁신 거버넌스와 과학기술정책 거버넌스는 비록 다른 층위의 거버넌스 모델을 말하고 있는 것이지만, 다른 의미에서는 전자가 영미식의 이념을 후자가 유럽식의 거버넌스를 대표한다고도 말할 수 있다. 유럽이 거버넌스를 사회에 대한 적극적인 참여(participation)를 강조한다면 영·미는 사회적 조정(steering)에 강조점을 둔다고 할 수 있다(STEPI, 2005). 유럽식 정부-과학자-시민사회 모델은 과학기술혁신을 좀 더 사회 전체적인 차원으로 확장시키고 있으며, 시민단체와 과학자 또는 기업 간의 갈등을 최대한 반영하여 지속가능한 발전을 위한 합의를 유도하고자 하는 구조라고 할 수 있다. 이때 정부의 조정을 위한 적극적인 정책적 개입을 배제하지 않는다는 점이 특징이다.

과학기술정책의 거버넌스 분석을 위한 모형과 이슈에 대하여는 다양한 접근이 가능하다. Technopolis－Group et al(2002).은 거버넌스 관점에서 국가의 포괄적인 과학기술정책구조를 이해하기 위한 주요 이슈를 다음과 같이 제시하고 있다. 1) 공공 분야와 준공공 분야 과학기술정책 결정에의 핵심적인 참여자는 누구인가? 2) 어떻게 참여자 그룹이 과학기술활동의 방향과 우선순위 및 크기를 결정하는가?(책임소재는 어디에 있는가? 어느 기관이 가장 영향력이 있는가? 어떤 이해관계자들이 참여하는가?) 3) 시스템에서의 변화주도자는 누구인가? Arnold(2003)는 과학기술정책의 맥락에서 거버넌스의 주요 분석차원을 다음 네 가지로 제시하였다: 1) 정책결정에 참여하고 있는 혁신 주체의 파악, 2) 이들 혁신 주체들이 과학기술정책방향, 우선순위 및 규모 결정방법, 3) 거버넌스 과정을 공동결정하는 정책결정구조, 4) 체제에서 변화주도기관 파악.

본 연구에서는 과학기술정책의 거버넌스 구조분석을 위한 모형의 구성요소로 조정 메커니즘과 참여 메커니즘의 두 가지로 구분하였다. 조정 메커니즘은 수평적 조정 메커니즘, 수직적 조정 메커니즘으로서의 집행 및 연구비배분 메커니즘 및 산학협력 메커니즘으로 구분하고, 참여 메커니즘은 범부처 참여, 민간기업의 과학기술 투자참여 및 시민참여(전문가 및 시민단체) 등으로 구분하여 살펴보고자 한다.

1. 수평적 조정 메커니즘

우선 거버넌스의 본질적인 개념인 다양한 조직 간의 상호의존성을 바탕으로 한 조정 메커니즘과 이해관계자와 시민의 참여를 중심으로 논의의 폭을 넓히고자 한다. 조정 메커니즘에 관하여 연구개발 및 혁신조직과 거버넌스에 대한 단순한 모형을 제시하면 <그림 4>와 같으며 (Erik Arnold et al., 2003), 4가지 수준의 정책 소성으로 구분할 수 있다.

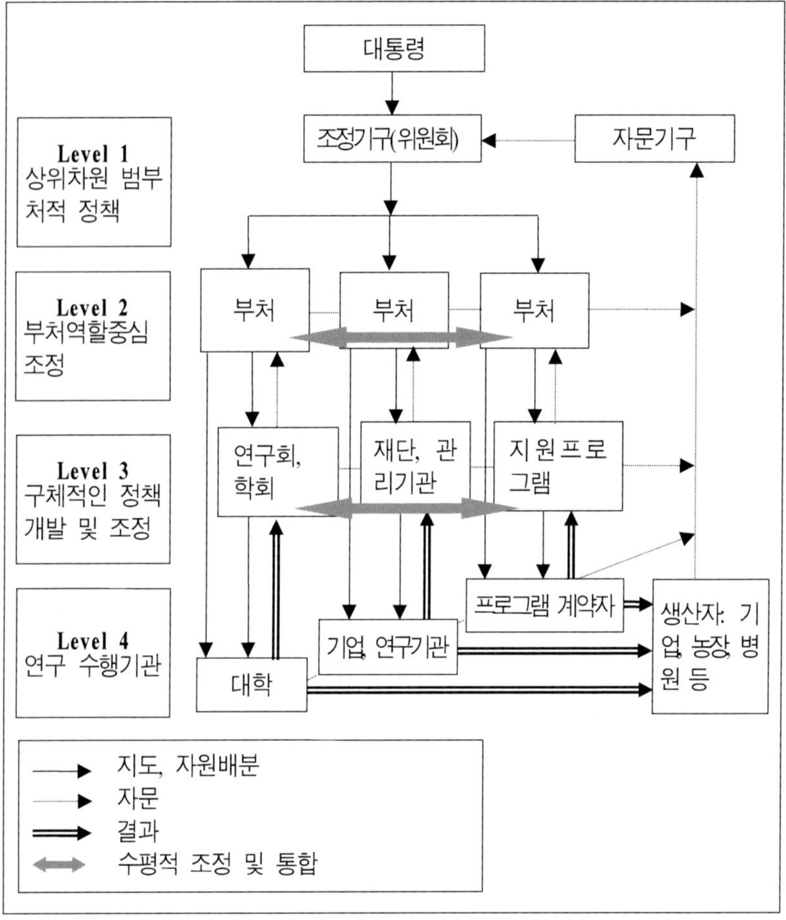

자료: Erik Arnold et al. (2003). Research and Innovation Governance in Eight Countries. Technopolis. 28. 수정.

〈그림 4〉 과학기술정책설계 및 집행조직구조

수준 1은 가장 높은 수준의 조정으로 국가혁신시스템 전반에 걸쳐 전반적인 방향 및 우선순위를 설정하는 것이다. 가장 높은 차원의 조정은 자문(advisory)과 정책결정(policy-making)의 두 가지 형태가 있다. 수준 2는 부처 수준에서의 조정이며, 실제 이 수준의 조정은 행정적 측면과 정책 문제들에 대한 조정이 이루어진다. 수준 3은 운영적 측면에 대한 조정으로 연구지원기관들의 통일된 업무수행이 가능하도록 하기 위한 것이다. 이 수준에서의 조정은 행정적 조정뿐만 아니라 공동연구개발사업과 같은 연구비 지원 활동의 실질적인 조정도 포함한다. 수준 4는 실질적인 연구 수행자들 사이의 조정을 의미한다. 이러한 수준에서의 조정은 일반적으로 공식적인 조정 메커니즘을 사용하기보다는 자기조직화(Self-organization)를 통하여 조정이 되도록 한다.

2. 수직적 조정 메커니즘 – 정책집행 및 연구지원 메커니즘

거버넌스 메커니즘은 이해관계자 사이를 조정하는 역할과 함께 전략적인 기획능력을 동시에 가져야 한다. 성공적인 정책결정이 이해관계자들의 관점의 재구성을 통한 조정과 합의도출을 위한 절차 역시 중요한 요소이다. <그림 5>에서 보는 바와 같이 정책결정자들은 정책목표달성을 위한 연구개발수행자로서의 프로그램관리자들과 성과계약을 체결하며, 프로그램관리자들은 프로젝트 책임자들과 계약을 체결한다.

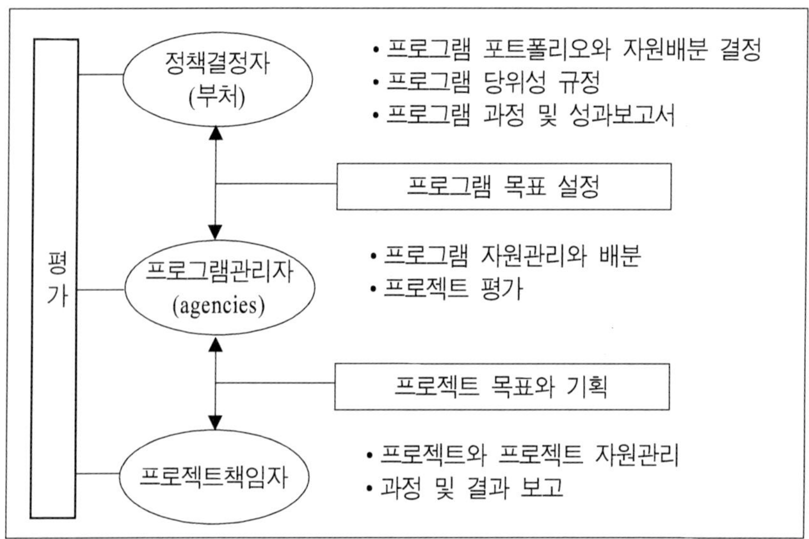

자료: Erick A, Patries B. & Patrick K. (1996). *Good ideas in Progrmme Management for Research and Technological Development Programmes,* Project HS-02 Report. Brighton: Technopolis.

〈그림 5〉 과학기술정책, 프로그램, 프로젝트 관리 및 평가

다음 연구지원 메커니즘은 과학기술정책영역에서 공공의 목적달성을 위해 분야별 협력을 유도할 수 있도록 하는 것이 중요하다(Leydesdorff and Etzkowitz, 1996). 선진국들에서는 정부의 직접지원 형식을 피하고, 연구비지원의 전문성과 효율성을 도모하며, 연구기관의 자율성과 독립성 보장 및 연구에 있어서의 관료문화극복을 위한 장치로 정부와 연구수행기관 사이에 연구회(Research Council)나 연구재단(Foundation) 등의 준정부기구(Quasi-Governmental Organization)를 두어 이들 지원기관을 통한 간접지원 형식의 지원으로 연구수행 주체들의 독립성과 자율성을 보장하려는 노력을 하고 있다.

다양한 방식의 중간지원기구의 역할이 있으나 대체로 3가지 형태로 구분할 수 있으며, 이들 각각은 연구자들 또는 정부에 의해 영향을 받게 된다. 가장 전통적인 형태는 단일 주도기관(mono-principal)이다:

하나의 주도기관 형태는 정의상 단일 정책결정 조직을 위해 업무를 수행하기 때문에 내부적 정책 조정의 필요성이 거의 없다. 두 번째는 몇몇 지원 부처에 대해 중재자로서 행동하는 다수 주도기관(multi-principal) 형태로 여러 부처들의 프로그램들을 관리한다. 세 번째 형태는 우산(umbrella) 조직으로 이는 둘 또는 그 이상의 특이한 자금지원 역할을 한다. 연구개발과 기술혁신지원뿐만 아니라 상업화 및 지역개발기구로서의 역할을 동시에 한다.

국가연구지원시스템에서의 정부재정지원방식에 대하여는 다양하게 분류할 수 있다(민철구 외, 2002). Harrold(1992)는 국가수준에서 이루어지는 자원배분방식을 대학의 자율적 운영을 허용하는 비관여적 방법인 총괄배분형(Block Grants), 재정의 사용처를 명시하고, 규제를 통하여 정부가 대학을 조정하는 관료형(Bureaucratic Approach) 및 서비스의 직접적 수익자가 재정을 부담해야 하고, 소비자의 가치가 서비스의 생산활동을 통제해야 함을 시사하는 비관여적 접근방법인 시장형(Market Approach)으로 구분하고 있다. 연구지원시스템의 하위구성요소는 연구지원기관의 연구사업구조, 자원배분, 과제선정 및 평가시스템 등 연구사업 선정 및 관리요소들을 포괄하는 것이다.

3. 참여 메커니즘

과학기술정책의 특징적인 양상은 지극히 전문가적 영역으로 소수의 관료와 이들을 지원하는 전문가 집단으로서 과학기술자들로 제한된 폐쇄적 의사결정구조였으나 시민사회의 성장과 정책결정구조의 민주화로 과학기술정책 분야도 참여자가 다양해지고 개방화되는 특징을 보이고 있다(권기창 외, 2006). 과학기술이 산출하는 경제적·사회적 효과에 대한 관심이 증대되고 정보통신기술, 신소재기술, 생명공학기술 등과 같은 신기술패러다임의 등장에 대응하기 위한 경제적·사회적 시스템 구축이 중요한 관심사로 등장하였다(송위진, 2004).

기술혁신이 가져오는 경제적 효과만이 아니라 그것이 가져올 사회적 효과에도 관심이 증대되면서 과학기술자와 함께 사회과학자들도 정책결정과정에 참여하고 전문가들만이 아니라 시민들도 기술혁신활동의 정책결정에 참여하도록 하는 시도들이 이루어지고 있다. 기술혁신관련 정책결정은 과학기술 및 산업관련 전문부처를 통해 이루어지고 있다.

과학기술정책 분야에의 참여 메커니즘은 크게 세 가지로 유형화할 수 있다. 첫째는 과학기술관련 참여부처의 확대이다. 과학기술 및 산업관련부처뿐만 아니라 대부분의 부처에서 관련 분야 기술개발에 참여하고 있다. 둘째는 대기업을 중심으로 민간부문의 참여확대이다. 특히 대기업의 연구개발투자가 늘어나면서 정부주도의 과학기술의 중심축이 민간부문, 즉 시장으로 기울게 되었으며, 시장지향적 이데올로기에 맞는 민관 협력을 강조하는 거버넌스 개념이 필요하게 되었다. 셋째는 시민사회의 참여이다. 시민사회의 성숙과 사회적 자원의 축적, 시민단체의 성장으로 과학기술 분야에서도 원자력, 생명과학, 환경, 안전 그리고 윤리에 대한 이슈가 부각되며 과학기술과 거리를 두고 있던 시민사회의 참여가 증가하고 있다. 다만 이해관계자인 과학기술인의 참여는 개인자격으로 이루어지고 있는 데 반해 시민사회의 참여는 조직화된 형태를 띠고 있다. 정부-전문가 집단-시민사회로 이어지는 거버넌스의 사슬에서 중간그룹에 해당하는 과학기술인이 독자적 영역과 정책참여 역량을 확보하지 못함에 따라 과학기술정책 거버넌스 구조상의 취약점을 낳고 있다(STEPI, 2005). 정책참여자로서 과학기술인들의 특징은 과학기술정책의 직접 고객으로 이해관계자이며, 자원 배분을 위한 선택과 같은 상황에서는 이익집단의 성격을 띤다. 이들은 과학기술지식과 기술기능을 보유한 전문가 집단이며 높은 정도의 보편정서를 가지고 있다. 이들은 비록 충분히 조직화되어 있지 않으나 오랜 세월 동안 정부의 과학기술정책에 대한 자문을 수행해 왔으며 과학기술정책 발전단계상의 초창기로 올라갈수록 '그들 스스로에 의한 그들을 위한 정책' 입안에 참여해 왔었다.

Ⅴ 결 론

본 연구는 과학기술정책의 거버넌스적 논의를 위한 모형과 구성요소들에 관한 시론적 연구로 국가 혹은 국가 간 과학기술정책 거버넌스에 관한 실증연구를 위한 준거틀(Framework) 구성을 위한 기반이 될 수 있을 것이다. 거버넌스는 전통적인 행정학의 좁은 관점에서가 아니라 대규모 사회문제에 더욱 집적적인 접근이 가능하게 한다. 그리고 이들은 전체의 조화를 어떻게 이룰 것인가가 개별적인 기관들 사이의 경계보다 중요하다. 따라서 과학기술정책 거버넌스에서도 정책만이 아니라 과학기술의 우선순위, 전략, 활동 및 결과를 결정하는 다양한 혁신 주체들 사이의 상호작용에 초점을 두어야 한다.

과학기술정책의 거버넌스적 맥락은 다양한 과학기술정책 상황변화에 따른 대응의 결과로 볼 수 있다. 이러한 과학기술정책의 변화는 단순 시장실패(Market failure)에 대한 대응보다는 능력, 제도, 네트워크 및 구조적인 실패 등의 시스템실패(System Failure)에 대한 정책적인 대응에서 찾아야 한다(Arnold, 2003). 그러나 시장실패와 정부실패들을 극복하는 대안으로서의 거버넌스 메커니즘에 대한 관심이 증가되고 있으나 역시 시장이나 계층구조를 거버넌스로 대체하는 데 따른 위험과 거버넌스 실패가능성 역시 간과해서는 안 된다. 시장실패나 정부실패에 대한 논의와 달리 거버닌스 실패(Governance Failure)에 대한 논의는 많지

않다(Jessop, 1998, 38). 추상적인 개념인 거버넌스에 대한 지나친 기대
보다는 거버넌스가 대안적 가치를 지니는 것인가에 대한 의문과 거버
넌스 실패가능성에 대하여도 관심을 가질 필요가 있다(Jessop, 1998;
Stoker, 1998, 임의영, 2005).

거버넌스 구현을 위한 다양한 논의들은 전통적인 정부상의 전면적인
조정을 요구하고 있다는 점에서 일치하고 있다(김정렬, 2000). 공공부
문과 민간부문 간의 구분의 필요성에 대하여 회의적이라는 점과 경쟁
과 조정의 원리를 신봉한다는 점이다. 그러나 모든 시대와 장소에 적
용되는 보편적인 거버넌스는 존재하지 않으며, 각 사회적 맥락과 정책
특성에 적합한 거버넌스의 이해와 도입이 필요하다.

국가연구개발사업 조정체제의 발전과제: 관료와 민간 관계를 중심으로

I 들어가며

국가연구개발사업은 정부출연연구기관과 더불어 우리나라 과학기술정책의 근간을 형성하는 두 가지 핵심적인 정책수단의 하나이다. 따라서 국가연구개발사업과 관련된 여러 가지 조정이슈는 과학기술정책의 핵심적인 화두라고 할 수 있다. 1982년에 과학기술부의 특정 연구개발사업이 출범하고 1980년대 후반부터는 산업자원부, 정보통신부를 비롯하여 다른 부처에서도 독자적으로 연구개발사업을 추진함에 따라 부처 간의 역할, 지원대상 분야 혹은 투자의 우선순위 설정, 정부와 민간의 역할 분담, 산학연 연계 등 과학기술의 주요한 정책과제들이 국가연구개발사업의 운영을 둘러싸고 전개되어 왔다. 예를 들어 과학기술부의 지속적인 변화(처 → 부 → 부총리)나 국가과학기술위원회의 설립도 부처 간의 사업중복을 방지하고 투자효율성을 높이는 것에 기본적인 목적을 두고 있는데 이는 모두 국가연구개발사업의 운영방식과 관련됨을 알 수 있다.

이와 같은 국가연구개발사업의 중요성에도 불구하고 종합조정은 여전히 우리나라 과학기술 행정에서 해결되지 않는 고질적인 과제처럼 보인다. 참여정부의 주요 정책으로 추진된 NIS구축사업이나 과학기술부총리 및 과학기술혁신본부의 출범 역시 과학기술정책조정 강화를 주요한 과제로 표방하고 있다. 이러한 현상은 어찌 보면 종합조정이슈가 그동안 이루어진 과학기술행정체제의 변화와 발전을 무색하게 만드는 것이기도 한데, 여기에는 다시 정책조정의 제도가 부족해서, 제도가 너무 많아서 혹은 제도를 제대로 운영하지 않아서 등 다양한 원인이 작용하고 있다.

이러한 배경하에 여기서는 국가연구개발사업을 중심으로 우리나라 과학기술정책조정체제의 특징과 이에 근저하는 접근관점을 고찰하고 향후 필요한 새로운 발전과제를 논의하였다. 특히 접근방법에 관한 논의에서는 기존의 정책조정의 접근방식을 구조적 접근으로 분류하고 새로운 대안으로 과정적 접근을 제시하였다. 구조적 접근은 조직과 제도를 중심으로 계층적인 관점에서 접근하는 것이라면 과정적 접근은 정보, 전문성, 작업방식 등을 중심으로 하는 데 차이가 있다. 이로 인해 과정적 접근에서는 관료조직 중심의 관점을 탈피하여 과학기술정책조정에 필요한 지식과 정보를 산출하는 민간전문가의 역할을 중요하게 고려하였다.

 ## 과학기술정책조정의 접근시각과 차원

1. 정책조정의 접근시각

정책조정을 연구할 때 당면하는 일차적인 과제는 조정을 설명할 수 있는 이론적인 틀이 있는가 하는 질문이다. 개념적으로 조정이란 개별적으로 분업화된 활동을 전체적인 목적에 맞게 통합하는 작용이라고 볼 수 있는데, 필자의 생각으론 정책조정 연구에서는 조정현상을 설명할 수 있는 기본이론은 형성하기 어렵고 오히려 조정을 접근하는 관점이 현상을 이해하고 설명하는 데 더욱 유용하다고 하겠다. 관련된 주요 접근시각을 구분하면 다음과 같다(김성수, 2005: 157−158).

첫째, 종합조정의 대상에 의한 구분이다. 구체적인 대상은 과학기술정책, 연구개발 프로그램, 예산배분과 평가, 연구기관설립, 설비투자 등 정부가 과학기술정책을 집행하기 위하여 필요한 제반 활동이라고 할 수 있다. 조정대상에 따라서 조정의 다양한 메커니즘과 이해방식이 차별화될 수 있기 때문에 대상의 구분은 논의의 출발점이라고 할 수 있다.

둘째, 종합조정을 제약하는 장애요인에 의한 구분이다. 크게 두 가지가 있는데 ① 부처할거주의(sectionalism) 요인으로 조직, 인력, 예산, 사업권한을 강화하려는 부처이기주의적인 태도이다. ② 역량(capacity) 요인으로 집행기관의 기술 분야별 기획능력과 우선순위의 설정, 연구성과의 평가능력, 복잡한 정보의 처리와 데이터관리체계 등이 이에 해당한다.

셋째, 종합조정의 과정과 산출물에 대한 이해방식이다. ① 정치적 과정으로 이해하는 경우 조정활동은 정부의 정책과정이 갖는 정치적 특성을 중요시하게 된다. 관련부처 사이의 이해관계가 타협되고 절충되는 과정이 중요해진다. 즉 조정은 조정의 산출이나 결과보다는 협의의 과정과 교류가 중요한 의미를 갖게 되고, 이러한 맥락에서 볼 경우 종합조정이라는 표현은 성립할 수 없다고 할 수 있다. ② 조정을 행정·관리적 과정으로 이해하면서 집권화된 기구에 의한 사업세부내용의 평가, 예산회계적인 자원배분의 효율성을 강조하는 것이다. 이 경우 종합조정은 예산배분의 구체적인 수치로 나타나므로 결과적인 접근이라고도 할 수 있다.

넷째, 정책과정 참여자 사이에 존재하는 관계양식(relationship)의 관점에서 파악하는 접근이다. 관계의 관점에서 볼 때 현재 한국행정이 당면하는 주요 과제는 ① 관료제 내부에서는 부처의 관료들이 정책의 기본내용을 결정하는 과정에서 부처 간의 협의를 강화하거나 수평적인 의사소통을 활성화하면서 정책조정방식을 개선하는 것이다. 또한 ② 관료제 외부의 정부－민간관계 관점에서는 정책결정에 민간전문가들이 전공 분야의 정보와 지식을 정부의 정책결정과정에 투입하여 정책의 합리성을 제고하는 것이 있다. 이 부분은 관료제의 역량에 비교하여 민간부분의 전문성이 증대함에 따라 더욱 중요한 과제로 부상하고 있다.

2. 정책조정의 차원

과학기술정책 및 국가연구개발사업의 조정은 정부 내에서도 다양한 차원을 거치며 발생하게 된다. 첫째는 개별부처를 망라하는 범부처적인 상위의 차원이고, 둘째는 개별부처 차원이며, 셋째는 부처 산하기관 그리고 마지막 넷째는 개별 연구기관의 차원이다. 이를 나타내는 것이 <그림 1>이다.

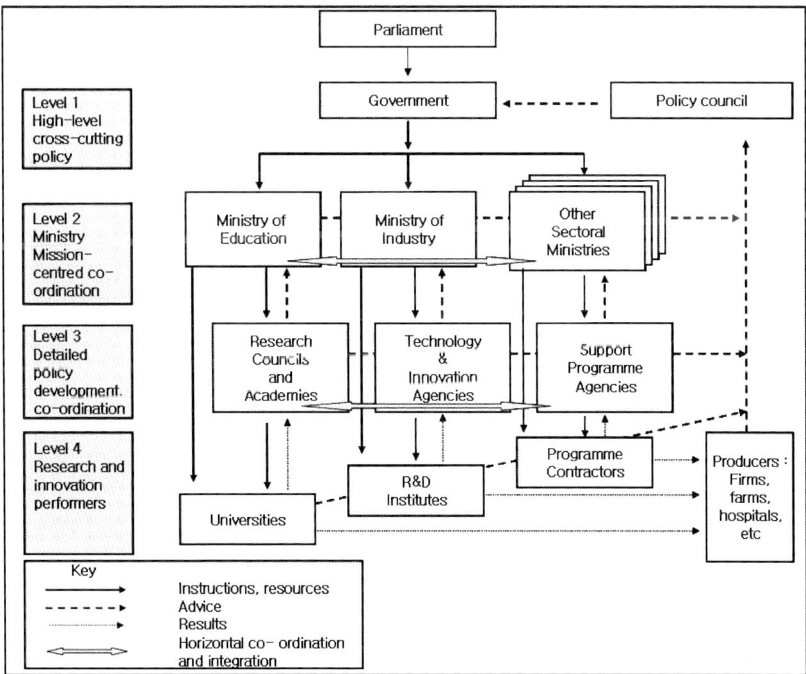

Source: Modified from Martin Bell, *Knowledge Resources, Innovation Capabilities and Sustained Competitiveness in Thailand: Transforming the policy Process*, report to the National Science Technology Development Agency, Bangkoc, Brington: SPRU, 2002

〈그림 1〉 정책조정의 차원분류

<그림 1>을 참고하면서 국가연구개발사업이 기획되고 평가되는 과정을 구분하면 개별적인 단계에 따라서 다르게 발생하는 것을 알 수 있는데, 예를 들면 국가 R&D 목표와 전략(policy / 레벨1), 이를 달성할 수 있는 개별부처의 연구개발사업(program / 레벨2), 다시 프로그램을 구성하는 세부연구과제(project / 레벨3)로 나눌 수 있다. 그리고 이러한 과정을 거쳐 구체화된 프로젝트는 개별 연구기관(레벨4)에 의하여 수행하게 된다. <그림 1>의 내용을 실제 우리나라 과학기술 행정체제에 적용하여 개별 기관들의 역할과 위상을 구분하면 다음과 같다.

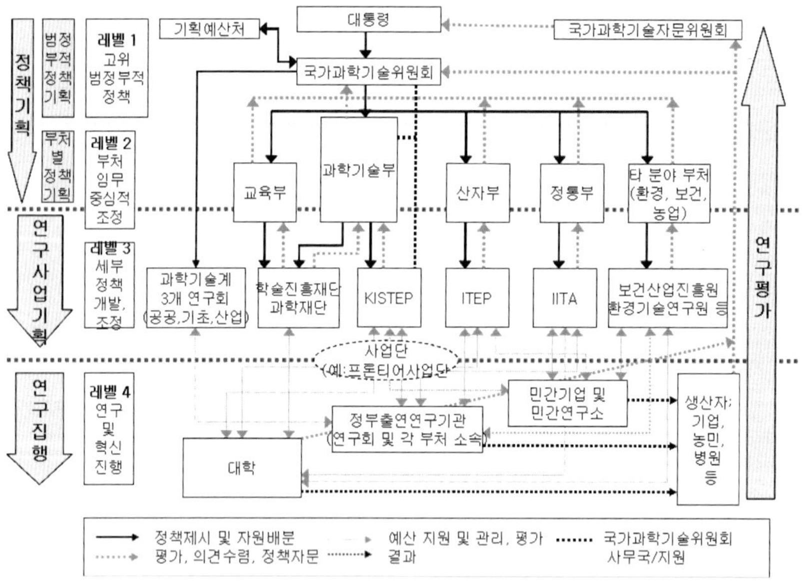

(자료: 임상규, 2007: 16)

〈그림 2〉 과학기술 행정체제의 세부구성과 조정대상

위의 그림에 제시된 레벨과 그에 상응하는 개별 기관들 중에서 국가연구개발사업이 구체화되고 운영내용에 큰 영향을 미치는 것은 레벨2와 레벨3이다. 레벨2의 개별부처 차원에서는 연구개발사업이 만들어지고 사업별로 예산코드가 부여되면서 자원이 배분되게 된다. 레벨3은 연구개발사업을 구성하는 세부 연구과제가 결정되는 단계로 국가연구개발사업의 운영과 관련되어 가장 복잡하고 전문적인 정보가 필요한 과정이다. 또한 부처 간 사업의 중복도 이 단계에서 어떻게 세부과제를 구상하는지에 따라서 영향을 받게 된다. 우리나라에서 이 부분의 운영은 KISTEP, KOSEF, ITEP, IITA같이 부처 산하에 있는 연구관리전문기관에서 수행된다. 여기에서 근무하는 직원들은 신분상 공무원이 아닌 민간인이지만 이들이 수행하는 역할은 정부관료 못지않게 중요하다. 따라서 전문기관의 위상과 역할은 정부관료제와 민간전문가 사이의 관계양식을 이해하는 데 핵심적인 내용이다.

추가하여 연구관리전문기관의 활동으로 중요한 것에 정부관료제와 과학기술계의 민간전문가를 매개하는 네트워킹 기능이 있다. 즉 세부 연구과제에 대한 선정, 중간, 결과평가가 전문기관에서 이루어지고 개별적인 평가단계별로 산학연을 망라하는 민간전문가들이 평가위원으로 참석하므로 전문기관은 민간의 전문성을 정책과정에 투입하는 중개기관(intermediary agency)의 역할을 수행하게 되는 것이다.

 **국가연구개발사업의 주요 조정이슈와 접근방법**

1. 국가연구개발사업의 주요 조정이슈

주요 조정이슈를 고찰하기에 앞서 필요한 생각은 1982년 과학기술부의 특정 연구개발사업 시행 이후 전개된 국가연구개발사업의 분화이다. 이것을 나타낸 것이 <그림 3>인데 이러한 분화과정을 통해 정책조정의 복잡성이 증대하고 다양한 조정이슈들이 발생하게 된다.

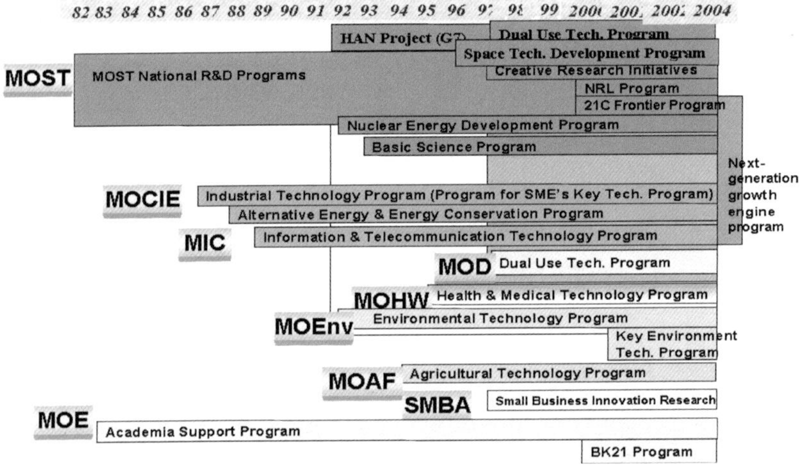

<그림 3> 국가연구개발사업의 분화와 복잡성의 증대

국가연구개발사업과 관련된 주요 조정이슈는 다음의 세 가지로 구분할 수 있다(황용수, 2004: 6-8 참조).

첫째, 국가연구개발 정책방향의 설정이다. 국가발전전략에 부합하는 국가차원의 기술기획, 과학기술부처 간의 역할과 기능 재정립, 민간주도 기술혁신체제 속에서 민간부분의 역할과 충돌되는 정부의 역할 재조정 등이 관련된 이슈이다.

둘째, 국가연구개발 우선순위 설정 및 자원배분의 효율성 제고이다. IT, BT, NT 등 기술 분야별 우선순위 설정에 대한 심층적인 분석과 합의를 토대로 국가연구개발 우선순위를 설정하고 개별 기술 분야에서도 역점을 두어야 할 세부 기술 분야를 설정하는 것이 필요하다. 아울러 다부처 관련 연구개발사업에 대한 공동기획을 강화하여 자원활용의 효율성을 높이고 일정규모 이상의 대형연구개발사업의 경우에는 사전 타당성 검토를 통해 사전 조사 분석과 기획을 보다 철저하게 할 필요가 있다. 이런 배경에서 2006년 12월에 500억 이상의 연구개발사업에 대해서 국가과학기술위원회가 사전타당성조사를 시행하기로 한 것은 의미 있는 변화라고 하겠다.

셋째, 국가연구개발사업의 추진체계 조정이다. 과학기술 부총리제 및 과학기술혁신본부의 출범, 국가과학기술위원회의 실질적인 조정력 강화를 위한 산하위원회의 활성화, 부처 간 중복기능의 조정을 통한 연구개발사업에 대한 사후적인 조정 필요성 최소화 등이 중요한 고려요인이다.

이러한 주요 조정이슈의 진단에서 주목할 것은 기술기획(Technology Foresight), 기술평가(Technology Assessment), 연구개발평가(R&D Evaluation) 활동이 정책조정에 중요한 수단으로 부상하고 있다는 것이다. 달리 표현하면 정책의 기획 및 평가에 필요한 정보의 생산과 활용은 향후 우리나라 정책조정체제가 지향해야 할 기본방향이라고 하겠다. 그런데 이러한 활동은 대부분 연구관리전문기관 및 이들이 중개기관으로 기능하면서 매개하는 외부의 전문기에 의하여 이루어진다. 따라서 정책정보(intelligence)에 기초한 성책조정이 활성화되기 위해서는 새로운 접근방법이 필요한데 여기서는 이를 과정적 접근방법으로 개념화하기로 한다.

2. 정책조정의 접근방법 변화

조직이론에서 논의하는 조직구성의 기본원리에는 분업의 원리와 조정의 원리가 있다. 그중에서 조정의 원리는 '조직을 통한 조정'(coordination by organization)이라고 하여 조직의 구조적인 장치의 의하여 분화된 활동을 통합하는 것이다(오석홍, 2003: 377). 이러한 구조적인 장치에는 계서제의 원리, 명령계통의 원리, 명령통일의 원리, 통솔범위의 원리 등이 포함된다.

구조적 접근방법은 조직구조의 설계를 개선함으로써 조직개혁의 목적을 달성하려는 것이다. 주된 내용은 집권화 및 분권화 수준의 변경, 규모의 축소 또는 확대, 통솔범위의 조정, 권한배분의 수정, 명령계통의 수정과 같이 조직의 구조적 요인을 대상으로 한다. 조직구조의 공식적인 측면을 대상으로 하므로 일찍부터 발전한 고전적인 이론인데, 조직설계의 기본방법은 부성화(departmentalization)에 의존하고 분화된 활동의 조정은 계층제에 의한 공식적인 권한의 크기를 활용한다.

과정적 접근방법은 조직 내의 과정들 혹은 일의 흐름을 개선하려는 접근방법이다. 의사전달, 의사결정, 정보관리와 같은 여러 과정과 일의 흐름 그리고 여기에 결부된 기술을 주된 대상으로 삼는다(오석홍, 2003: 652). 여기서 핵심적인 아이디어는 정보 및 물자의 흐름을 효율화하기 위하여 과정을 개선하려는 시도이다. 이러한 과정혁신은 흔히 하드웨어적인 조직구조에 대비하여 소프트웨어적인 작업방식의 개선이나 업무프로세스의 혁신으로 표현되기도 한다.

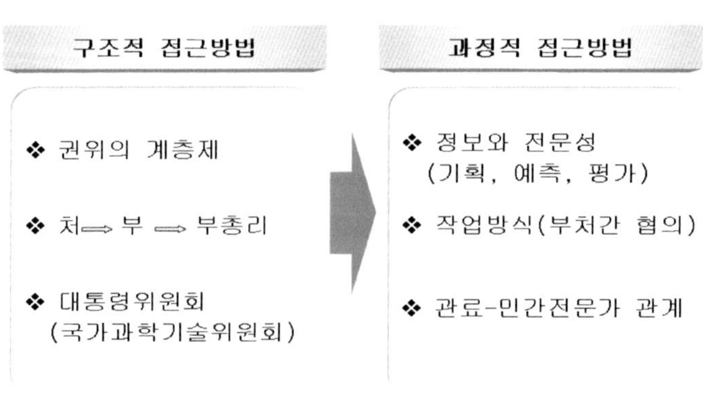

(자료: 저작작성)

〈그림 4〉 정책조정의 두 가지 접근방법

그동안 우리나라의 정책조정 개선을 위한 노력은 구조적 접근에 치중하여 왔다. 과기부의 위상이 낮아서 정책조정이 잘 안 된다는 주장으로부터 과학기술처 → 과학기술부 → 과학기술부총리의 조직변화가 있었고, 국가과학기술위원회나 대통령 과학기술 보좌관제의 신설도 대통령의 권위를 통해 정책조정을 강화하려는 시도이다. 그럼에도 불구하고 지속적으로 부처 간의 업무중복 혹은 정책조정의 문제가 제기되는 것은 각 부처의 이해관계를 국가 전체 목표, 전략, 우선순위를 고려하면서 조정하는 데 구조적인 접근에는 한계가 있기 때문인데, 또한 과학기술기본법의 제정, 국가과학기술위원회의 설치, 대통령 보좌과제도의 도입으로 이제 과학기술계가 행정체제 측면에서 정부에 요구할 수 있는 것은 다 수용되어 구조적 접근으로 동원할 수 있는 수단은 포화된 상태라고 볼 수 있다. 동시에 구조적 측면의 강조로 인해 여러 기관이 설립되면서 이제 우리의 경우에는 조정기구의 부족이 문제가 아니라 오히려 지나친 제도분화로 인한 제도과잉 혹은 제도중복의 문제가 발생하고 있다. 달리 표현하면 이제는 형성된 조직, 제도를 어떻게 운영할 것인가 하는 것이 중요하다고 하겠다.[21]

과정적 접근방법의 기본적인 문제의식은 과학기술정책환경은 더욱 복잡해지는데 정부관료제의 정책 및 기획역량은 정체되어 있다는 진단에서 출발한다. 이는 여러 요인이 작용하여 나타나는 결과라고 하겠지만 정부관료제의 행정능력(administrative competence) 저하는 정책조정 연구의 중요한 착안점이다.

이러한 맥락에서 각 부처 산하에 있는 연구관리전문기관을 설립하여 연구개발 활동의 기획, 관리, 평가를 강화시켰다는 것은 중요한 사실이

[21) 이러한 맥락에서 기존 방식과는 다른 실험으로 과학기술혁신본부를 주목할 필요가 있다. 혁신본부는 질적으로 다른 특성을 보여주는데 부처 간의 인사교류, 부처 간 중복사업의 이관, 민간전문가의 충원, 집행과 조정업무의 분리 등과 같이 조직구성 및 인사충원 방식을 변경함으로써 부처이기주의를 극복하고 부처 간 갈등을 조정하려는 접근을 취하고 있기 때문이다.

다. 향후 과학기술정책조정의 핵심적인 수단은 기획, 평가, 예산배분의 연계와 같은 소프트한 정책정보가 될 것으로 생각되기 때문이다. 관료주의적인 권위가 아니라 정책 분야에 대한 지식과 전문성이 더욱 중요해진다는 것이다. 현재 우리나라 정부관료제는 이 부분에서 취약한데 이로 인하여 정책결정에 필요한 정보와 지식을 산출하는 민간전문가 집단의 활동이 더욱 중요해지고 있다.

 ## 정책조정과 새로운 관료 – 민간 관계

1. 연구관리전문기관의 현황과 기능

여기서 연구관리전문기관이란 설립·운영에 관한 법률에 따라 부처별 연구개발사업의 기획·평가·관리업무를 수행 중인 기관을 지칭한다.[22] <표 1>에 제시된 바와 같이 2006년 기준으로 약 5조 6천억 원의 R&D 예산(정부 R&D 예산의 63%)이 이들 기관에 의하여 관리되고 있다.[23]

---

[22] 연구관리전문기관의 기능적 특성은 연구개발 기획·평가·관리 등의 업무를 수행하는 연구관리의 기능을 보유하고 있는 기관과 연구관리의 기능과 함께 기관고유의 연구수행 또는 기타의 기능을 보유하고 있는 기관으로 분류할 수 있다(이길우, 2006: 34).

[23] 위의 표에는 한국과학기술기획평가원이 제외되어 있다. 2005년 과학기술혁신본부의 출범과 더불어 특정 연구개발사업에 대한 관리가 과학재단으로 이관되었기 때문이다. 그러나 우리의 초점인 기획 및 평가 측면에서 볼 때 한국과학기술기획평가원은 과학기술기본법의 위임에 의하여 국가 R&D 사업 전반에 걸친 기획 및 평가업무를 담당하므로 연구관리전문기관의 역할을 수행하는 가장 중요한 기관이라고 구분할 수 있다. 차이는 <표 1>에 제시된 기관들은 부처차원의 사업에 대한 기획을 하는 것으로

〈표 1〉 주요 연구관리전문기관 현황('06년 12월)

소관부처	연구관리전문기관	설립·운영근거	관리사업 규모(억원)^주
교육인적자원부	한국학술진흥재단	학술진흥 및 학자금 대출 신용보증 등에 관한 법률	5,653
과학기술부	한국과학재단	한국과학재단법	15,557
농림부	농림기술관리센터	농업·농촌기본법	522
산업자원부	한국산업기술평가원	산업기술기반조성에관한법률	17,034
	에너지관리공단	에너지이용합리화법	2,224
정보통신부	정보통신연구진흥원	정보화촉진기본법	9,299
보건복지부	한국보건산업진흥원	한국보건산업진흥원법	1,242
환경부	한국환경기술진흥원	환경기술개발및지원에 관한법률	966
건설교통부	한국건설교통기술평가원	건설기술관리법	2,559
해양수산부	한국해양수산기술진흥원	수산특정연구개발사업 관리규정	798
합 계	–	–	**55,854**

주) '06년 정부 R&D 예산 기준
자료) 과학기술부 내부자료

이 글의 관심은 이러한 연구관리전문기관이 수행하는 기능으로 기획, 평가, 관리기능이다. 실제로 위의 <표 1>에 제시된 기관들은 모두 기획, 평가, 관리 업무를 수행하고 있다. 다시 말하면 앞에서 서술한 기술기획(Technology Foresight), 기술평가(Technology Assessment), 연구개발평가(R&D Evaluation)와 같은 연구개발사업 조정에 필요한 정책정보(intelligence)가 이들 기관에 의하여 산출되는 것이다.

이것은 <그림 5>에 나타나 있다. 반면에 한국과학기술기획평가원은 국가과학기술위원회의 차원으로 <그림 6>에 나타난 활동과 밀접한 관련이 있다.

  <그림 5>는 개별부처의 차원에서 기획, 평가, 관리 업무가 어떻게 순환되고 있는지를 보여주고 있다. <표 1>에 제시된 기관들이 수행하는 이러한 활동은 국가연구개발사업이 실제로 작동하고 관리되는 최일선의 현장이라고 할 수 있다.

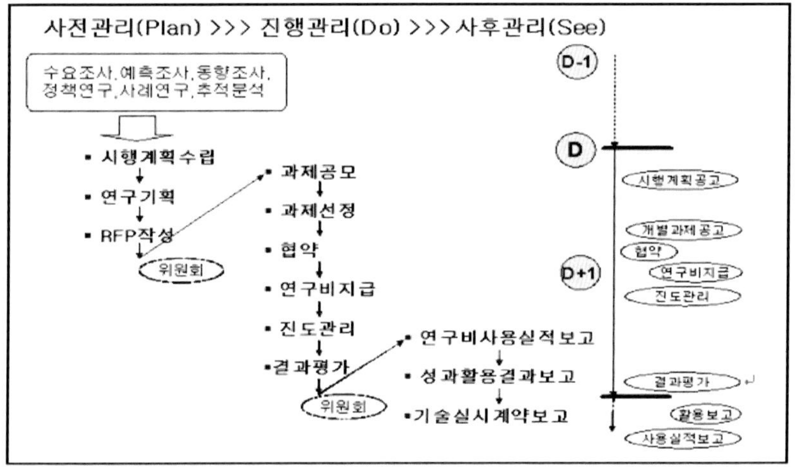

(자료: KISTEP(2000). 연구관리전문가 프로그램 – 연구관리실무)

<그림 5> 연구관리전문기관의 기획 · 평가 · 관리업무 흐름

  <그림 5>가 개별부처별로 산하에 있는 관리기관이 특정한 연구과제(project)를 관리하면서 발생하는 미시적인 기획 및 평가업무의 수행이라면 다음의 <그림 6>은 범정부적인 차원에서 발생하는 거시적인 기획 및 평가업무의 흐름이다.

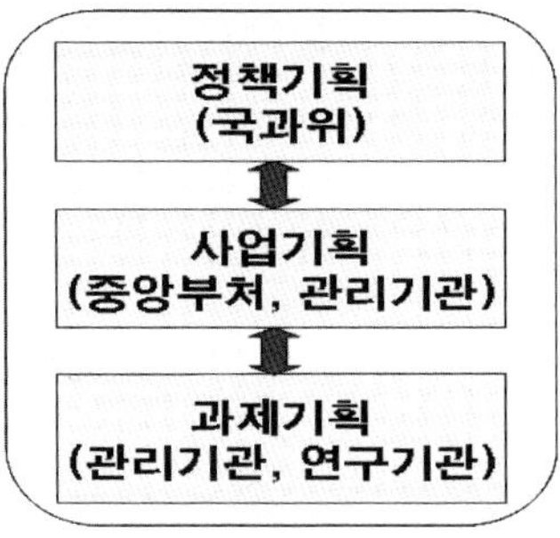
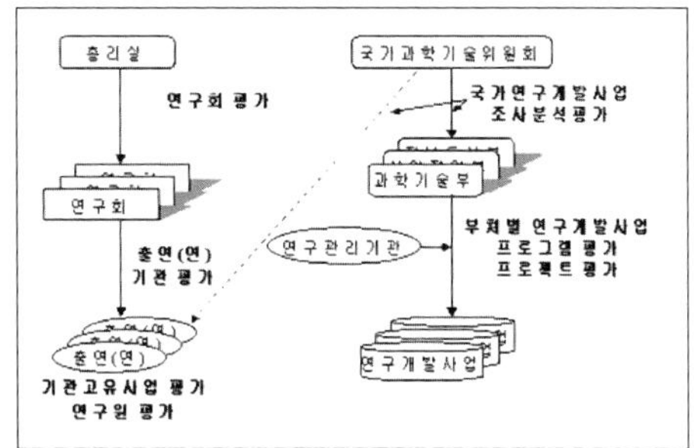

〈그림 6〉 거시적 기획 및 평가업무의 구성

<그림 6>의 하단의 박스에 서술한 내용은 필자가 진단하는 우리나라 기획 및 평가제도의 문제점이다. 기본적으로 우리나라의 평가제도는 기관평가, 프로그램평가, 사업평가 등 다양한 맥락에서 매우 세분화되어 발전되어 왔고 동시에 여러 기관이 참여하고 있다. 그런데 문제진단의 관점에서 필자가 강조하는 것은 평가제도가 관리적, 절차적 측면에서는 객관성과 공성성을 살리기 위하여 매우 엄겨하게 운영되고 있시만 실질적인 내용 측면에서는 논의가 소홀하다는 것이다.

예를 들면 평가제도를 운영할 때 평가위원의 선정, 평가기준(연구의 성공가능성 여부, 과학적·기술적 기여도, 연구기관 역량 등)의 설정 등은 객관적인 절차운영에 대해서는 매우 높은 관심이 있다. 그러나 문제는 절차적 공정성이 평가의 내용에 대한 실질적인 합리성을 담보할 수는 없고 여기에 우리의 취약점이 있다는 것이다. 위원들의 실질적인 전문성 여부, 평가에 필요한 충분한 자료의 수집 여부, 평가기준의 내용적인 판단과 적용, 이에 필요한 평가익 이론적인 토대와 자료분석기법 개발 등이 필요하기 때문이다.

기획과정에서도 유사한 현상이 발생하는데 현재 국가연구개발사업의 기술기획은 개별부처 차원에서 peer review 중심으로 일회적 / 단기적 수요조사 성격을 가지면서 이루어지고 있다. 실질적 합리성을 높이기 위해선 국가기획과 R&D 사업, 예산 간의 연계성을 제고하는 노력과 과학적 기획기법을 활용하면서 정보분석을 강화하는 것이 필요하다(이장재, 2006).

이러한 현상은 그동안 기획 및 평가제도가 절차중심적인 시각에서 운영되어 왔기 때문인데 근저에는 정부관료제의 관리주의적인 편의성이 작용하고 있다고 생각된다.

2. 기획 및 평가제도의 개선을 통한 정책정보의 생산

개별적으로 기획 및 평가제도의 현황과 개선과제에 대한 논의는 지속적으로 이루어져 왔으며 많은 연구결과와 합의가 축적되어 있는 상태이다. 기존 연구와는 다른 관점에서 우리가 관심을 두는 사항은 기획 및 평가제도의 운영과정에서 발생하는 정부관료제와 민간전문가 사이의 관계양식이다.

관료와 민간의 관계가 중요하게 고려되어야 하는 이유를 이해하기 위해서는 먼저 과학기술정책 환경의 변화를 생각할 필요가 있다. 우리나라의 기술혁신체제가 성숙하고 경제발전이 고도화되면서 과학기술정책이나 경제정책에서 새로운 정책패러다임으로의 전환이 요구되고 있다.

〈표 2〉 과학기술정책 패러다임의 변화

과거 패러다임	새로운 패러다임
- 선진국 따라잡기	- 선진국 지식 창출에 동참
- 연구개발 자원의 양적 확충	- 연구개발 투자효율화 및 질적 고도화
- 생산기술 확보	- 원천기술, 기본기술 확보
- 연구개발 자금 공급	- 연구개발 인프라 구축
- 연구개발 주체의 육성	- 연구개발 주체 간 네트워크 형성
- 지원제도의 구축	- 지원제도의 고도화
- 정부주도	- 민간주도, 정부지원
- 불균형 성장	- 균형성장
- 중앙집중	- 분산·다기화
- 개별부처	- 부처 간 연대와 조정
- 과학기술육성	- 과학기술과 경제, 복지 등 연계

(자료: 과학기술부(2006). 신과학기술 행정체제의 발전방향. p.4.)

이러한 변화에 대응하여 참여정부가 과학기술정책을 과학기술혁신정책으로 전환하면서 정책의 기조를 과학기술혁신으로 경제사회 전반의 생산성이 제고될 수 있도록 미시경제정책을 총괄하는 방향으로 설정한 것을 유심히 분석할 필요가 있다. 여기서 미시정책이란 경제성장, 물가안정, 국제수지 등 거시경제지표는 별도로 하고 기존의 개별부저 차원에서 수립, 추진되었넌 산업·인력 등 미시경제정책을 이제는 과학기술부총리가 총괄하면서 과학기술혁신정책의 범부처적인 기획·조정을 통해 거시경제정책의 실효성을 뒷받침한다는 것이다.

이와 같은 미시정책의 총괄조정으로 인하여 과학기술정책의 외연이 확장되면서 다음과 같은 요인들이 추가적으로 과학기술혁신정책의 범주에 포함되게 되었다. 첫째는 기술혁신을 유발하고 촉진시키기 위한 기술혁신 역량, 제도, 네트워크 및 하부기반의 구축인데 이는 기존의 과학기술정책에서도 국가혁신체제 구축의 일환으로 추진되었던 내용이어서 크게 다른 것이 없나. 둘째는 기술, 산업, 금융, 조세, 시장, 인력, 법 등 기술혁신과 관련된 다양한 정책들을 포괄하는 것으로 이 부분이

기술혁신정책에서 새로이 강조되는 사항이라고 할 수 있다. 이러한 변
화를 정리한 것이 다음의 <표 3>이다.

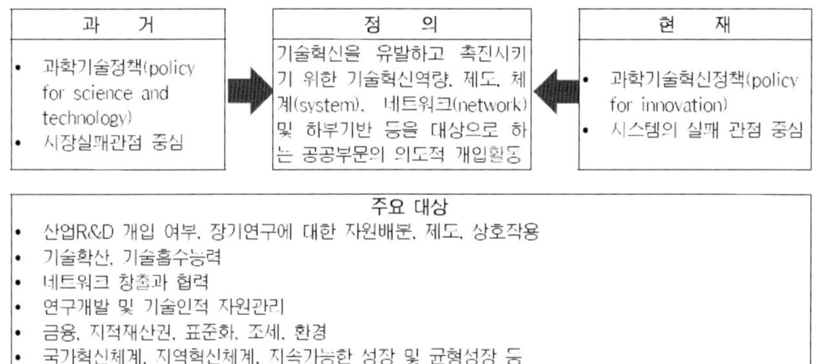

(자료: 이장재(2006a), 기술혁신전략의 재해석, 한국정책학회 추계학술대회, p.5.)

〈표 3〉 기술혁신정책의 정의와 주요 대상

문제는 이러한 기존의 과학기술정책이 새로이 기술혁신정책으로 전환
하면서 발생하는 외연적인 확장이 정책운영에 어떠한 영향을 미치는가
하는 것이다. 과학기술, 인력, 기업, 규제, 지적재산권, 조세·금융, 시스
템 및 제도 사이의 정합성 제고, 기술혁신의 사회·경제적 활용 등으로
확대되면서 발생하는 기본적인 특징은 기술혁신정책이 처리해야 하는
복잡성(complexity)의 증대이다. 그리고 이러한 복잡성을 해결하기 위해
서는 이를 감당할 수 있는 행정능력(administrative competence)의 향상
이 필요한데 현재 한국의 정부관료제적 특성으로는 더 이상 이를 독자
적으로 감당하기 어렵다고 하겠다. 왜냐하면 과학기술정책환경은 더욱
복잡해지는데 현재 우리나라 정부관료제의 정책 및 기획역량은 정체되
어 있기 때문이다.24) 이를 달리 표현하면 민간부분의 전문성 상승이나

---

24) 정체의 원인진단은 여러 가지가 있을 수 있다. 민간부분이 많이 성숙하여
    정부관료제의 전문성이 상대적으로 뒤처지고 있다고 볼 수 있다. 행태적

사회적 복잡성 증대에 비교하여 정부관료제의 전문성이 보조를 맞추지 못하고 있는 것으로 해석할 수도 있다.

결론적으로 국가연구개발사업 조정의 핵심적인 수단은 기획, 평가, 예산연계이고 이를 위해서는 계층적 권위에 의존할 것이 아니라 전문성을 기초로 하는 정책정보(intelligence)가 생산되어야 한다. 이러한 맥락에서 민간전문가, 연구관리전문기관의 역할이 중요한데, 이제 공공기관과 정부부처 사이에는 전문성, 자율성에 기초한 새로운 관계양식이 필요하다고 하겠다. 양자 사이에 새로운 형태의 정책네트워크를 구축하는 것은 향후 국가연구개발 거버넌스가 지향해야 할 핵심적인 과제라고 하겠다.

 결론: 과학기술정책조정의 재검토

그동안 과학기술정책조정을 강화하기 위하여 행정구조적인 측면에서 많은 개혁의 노력이 있었다. 과학기술처 → 과학기술부 → 과학기술부총리(과학기술혁신본부)로의 개편이나 과학기술기본법 제정, 국가과학기술위원회 설립, 대통령과학기술보좌관제도의 신설과 같은 중요한 변화들은 모두 종합조정의 총괄부서인 과학기술부의 위상을 높이고 대통령의 권위를 정책조정에 활동하려는 시도이었다. 그럼에도 불구하고 여전

으로는 중앙행정부서 공무원들이 과도한 문서작업이나 국회업무에 시달리고 기획과 정책개발 부분에 여력을 갖지 못하는 것도 중요한 원인이라고 생각된다. 전체적으로 이 부분은 별도로 추가적인 논의와 검증이 필요한 주장인데, 여기서는 문제가 있다고 가정하고 논의를 전개하였다.

히 부처이기주의가 해결되지 않고 정책의 중복문제가 지속적으로 제기되고 있다. 또한 조정기구의 부족이 아니라 지나친 제도분화로 인한 제도과잉이 역으로 문제가 되고 있기도 하다. 이 글이 계층적 권위를 중심으로 하는 구조적 접근에서 정보와 작업방식에 초점을 두는 과정적 접근으로의 변화를 주장하는 것을 이러한 맥락에서 기인한다. 참여정부에서 과학기술혁신본부가 출범하면서 부처 간의 인사교류, 부처 간 중복사업의 이관, 민간전문가의 충원, 집행과 조정업무의 분리와 같은 새로운 조직구성 방식을 시도하는 것도 이러한 필요성을 반영하는 현상이라고 하겠다.

과정적 접근에서 중요한 것은 전문성에 기초한 정책정보(intelligence)의 생산인데 이를 위해서는 정부관료제만이 아니라 연구관리전문기관 및 민간전문가의 역할이 결정적으로 중요하다. 연구개발사업 조정의 핵심적인 수단은 기획, 평가, 예산연계인데 이에 필요한 정보와 전문성(기획, 예측, 평가)을 이들이 생산하기 때문이다. 공공기관과 정부부처 사이에는 전문성, 자율성에 기초한 새로운 국가연구개발 거버넌스 형성은 국가연구개발 정책조정체제 발전의 핵심적인 과제라고 하겠다. 이러한 거버넌스의 형성이 과학기술혁신정책의 복잡성 증대에 대응할 수 있는 행정능력(administrative competence)을 향상하는 방안이기도 하다.

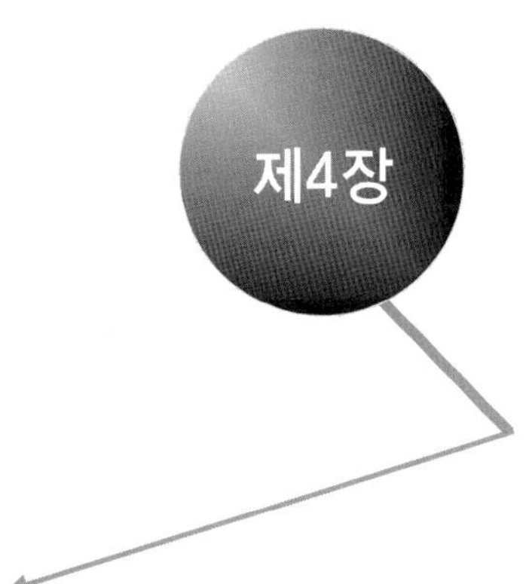

과학기술계 연구기관 평가지표의 다양성과 균형성 분석: 지적자본 관점에서

이 글은 「한국행정학보」 제39권 1호(2005)와 「기술혁신연구」 제15권 2호(2007)에 게재된 필자의 기존 연구에 근거하여 작성되었습니다.

Ⅰ 머리말

이 논문은 지식기반 조직의 성과관리 방법론으로 최근 많은 주목을 받고 있는 지적자본(intellectual capital) 이론을 활용하여, 우리나라에서 시행되고 있는 과학기술계 정부출연 연구기관 평가지표의 다양성과 균형성을 분석하고 이의 개선을 위한 정책방향을 논의하고자 하는 목적에서 수행되었다. 전형적인 지적활동인 연구개발은 논문, 특허, 프로그램, 기술료 등과 같은 유형적인 성과뿐만 아니라, 연구자의 역량 향상, 과학계의 네트워크 구축, 국민 삶의 질 향상, 합리적인 정책개발 및 집행에의 기여 등과 같은 무형적인 성과들도 동시에 산출하게 된다. 따라서 연구기관의 평가는 유형의 산출물에 더하여 무형의 결과까지도 함께 고려할 때에, 해당 기관의 종합적인 가치를 판단할 수 있다는 원론적인 생각에서 이 논문을 시작하게 되었다.

우리나라는 정부출연 연구기관을 효율적으로 관리하기 위한 방안의 하나로, 1999년도에 연구회 체계를 도입하면서 기관평가 제도를 주요한 정책수단으로 활용하고 있다. 즉, 개별 연구기관의 자율성은 최대한 보장하되, 그 결과에 대해서는 책임을 엄격하게 묻고자 하는 것이다(이진주, 2000; 이석희, 2002). 이에 따라 과학기술계 3개 연구회(기초기술연구회, 공공기술연구회, 산업기술연구회), 과학기술부, 국방부 등은 산하 정부출연 연구기관들을 대상으로 매년 기관평가를 시행하고 있다(과학기술부, 2002; 과학기술부, 2004).[25]

---

25) 물론 1999년도 이전에도 과학기술처는 1991년부터 산하 연구기관들을 자체적으로 평가하여 왔다. 그러나 과학기술처의 기관평가는 일반 법률에 근거하지 않은 자체의 내부 규정에 따른 것으로써, 1980년대 중반 이후에 설립된 많은 다른 정부부처 산하의 정부출연 연구기관들에게는 적용되지 못하는 상황이었다.

한편, 참여정부의 출범과 함께 범정부적으로 추진되고 있는 각종 혁신정책의 성공을 위해서는 성과평가(performance evaluation)가 정확하게 이루어져야 한다는 전제를 바탕으로 하고 있다. 즉, 정책집행으로 나타나게 될 다양한 산출(output), 결과(outcome), 영향(impact)이 무엇이며, 이것을 어떻게 측정하고 판단할 것인가 하는 문제를 해결해야 하는 것이다. 이러한 성과평가의 중요성은 연구개발 분야에서도 예외일 수가 없어, "국가 연구개발사업 등의 성과평가 및 성과관리에 관한 법률"(이하, "연구성과 평가법"으로 약칭)(과학기술부, 2005)의 제정과 "과학기술계 출연기관 평가제도 개선"(국가과학기술위원회, 2005) 등을 통하여 구체화되었다.

즉, 연구성과 평가법 제2조 제8항은 연구개발의 성과를 특허와 논문 등의 과학기술적 성과와 함께 유·무형의 경제·사회·문화적 성과까지도 포함하도록 규정하고 있다(과학기술부, 2005). 따라서 앞으로는 각종 연구개발 사업 및 연구기관의 평가에서, 논문 및 특허와 같은 유형적인 성과는 물론이고 앞에서 언급한 다양한 형태의 무형적인 성과도 중요한 평가 대상으로 삼아야 하게 되었다(황용수, 2005).

이러한 문세의식에서 새롭게 성과중심적 평가제두를 표방하고 있는 2006년도의 과학기술계 출연기관 평가제도가(국가과학기술위원회, 2005: 1), 연구성과 평가법이 지향하는 무형성과 또는 경제·사회·문화적 성과를 평가지표에서 얼마나 반영하고 있는지, 반영하고 있다면 그 정도는 적정한지를 분석하고 이에 근거한 향후의 발전적인 정책방향을 논의하고자 하는 것이 이 논문의 1차적인 목적이다. 다시 말해, 우리나라의 대표적인 성과평가 제도 중의 하나라고 할 수 있는 정부출연 연구기관 평가제도가 진정한 의미에서의 성과관리 제도로서의 기능을 수행하기 위해서는, 연구성과 평가법의 제정 취지 또는 지식사회로의 패러다임 전환을 적절히 반영하고 있는지를 우선적으로 판단할 필요가 있기 때문이다. 따라서 본 논문을 통하여 밝혀지게 될 문제점들을 해결하기 위한 구체적이며 실천적인 정책대안의 개발은 후속 연구과제로서

이 연구의 범위를 벗어나는 내용이 될 것이다.

한편, 이 연구에서는 분석대상을 평가지표만으로 한정시키고 있다. 물론, 평가지표는 평가체계를 구성하는 다른 평가요소인 평가목적, 평가유형, 평가방법, 평가활용 등과의 연관성 하에서 결정되기는 하나, 가장 용이하게 특정 평가제도의 특징과 내용을 전체적으로 파악할 수 있는 장점이 있기 때문이다. 따라서 모든 평가요소를 고려하지 않고 평가지표만을 분석하더라도 필자가 의도하는 연구목적의 달성에는 큰 무리가 없을 것으로 판단하고 있다.

이 연구는 서론과 본론을 포함하여 총 5장으로 이루어져 있다. 제2장에서는 연구에 필요한 최소한의 이론적 사항인 지적자본의 개념과 분류 및 측정·평가방법, 연구개발 평가의 어려움, 성과관리에서 지적자본의 활용 사례 등을 간략하게 논의하게 될 것이다. 제3장에서는 먼저 사례연구를 수행하기 위한 간략한 분석의 관점을 제시하게 될 것이다. 다음에는 이러한 관점에 근거하여 과학기술계 3개 연구회가 시행한[26] 2006년도 연구기관 평가제도의 평가지표를 먼저 유형성과와 무형성과로 분류하고 이어 지적자본적 관점에서 평가지표를 인적자본, 구조자본, 관계자본으로 재구성하여 평가지표의 다양성과 균형성을 분석하는 내용이 될 것이다. 제4장에서는 앞의 분석을 통해 밝혀진 우리나라 연구기관에 대한 평가지표를 연구성과 평가법의 취지에 맞게 발전시키기 위한 정책방향을 지적자본의 관점에서 논의하고자 한다.

연구방법으로는 문헌분석과 심층면접이 병행적으로 활용되었다. 먼저, 이론적 논의가 필요한 부분과 평가지표의 분석에서는 문헌분석이 주요한 연구방법으로 채택되었다. 다음으로 관련자와의 심층면접을 통하여 문헌분석으로 부정확하거나 미흡한 사항을 보완하였다. 주요 면접

---

26) 연구기관 평가를 시행하고 있는 과학기술부와 국방부가 분석사례에서 제외된 이유는, 국방부의 경우는 자료 확보의 제약성 때문이며, 과학기술부 산하의 8개 출연기관들은 연구개발, 교육, 지원기관이 혼재되어 있어 3개 연구회에 비하여 상대적으로 동질성이 적기 때문이다.

대상자들은, 정부출연 연구기관의 감독부처인 과학기술혁신본부의 관련 공무원, 기관평가의 수행주체인 3개 연구회 직원, 평가대상 연구기관의 관련 업무 담당 직원, 평가위원으로 활동한 전문가 등이다. 특히, 심층 면접은 필자가 "과학기술계 출연기관 평가제도 개선"을 위한 전문가 회의와 과학기술계 연구회 한 곳의 2006년도 기관평가에 참여하는 과정에서 공식·비공식적으로 여러 차례에 걸쳐 이루어졌음을 밝혀 둔다.

Ⅱ 이론적 논의: 지적자본의 개념과 성과평가로의 활용가능성

최근 조직의 성과관리를 유형적인 관점에서 무형적인 관점으로 전환하고, 과거와 현재의 성과뿐만 아니라 미래의 잠재적인 성장 동인까지도 함께 관리하여야 한다는 공감대가 확산되고 있다. 이러한 필요성에서 관련 이론의 개발과 적용이 활발하게 이루어지고 있는데, 지적자본론, 균형성과표(BSC), 품질경영론에 기반 한 신품질 모형 등이 대표적이라 할 수 있을 것이다.27) 이들 이론들은 각기 다른 학문적 배경에서 차별적인 발전과정을 거치기는 했으나, 공통적으로 특정 조직의 성과를

---

27) 본 논문에서 직접 다루지 않는 BSC와 신품질 모형을 간략하게 소개하면 다음과 같다. BSC는 조직성과를 재무, 고객, 프로세스, 학습과 혁신의 4개 관점으로 파악하고자 한다. 신품질 모형은 조직의 전체성과를 판단하기 위한 요소를 수단과 결과로 대분류한 다음에, 수단에는 리더십, 인적자원, 방침 및 전략, 파트너십과 자원, 프로세스를, 결과에는 인적자원 성과, 고객지원 성과, 사회사원 성과, 주요 사업성과를 포함시키고 있다. 각각의 기본적인 내용에 대해서는 송경근·성시중 옮김(2002)과 한국품질재단(2005)를 각각 참고하기 바람.

정확하게 평가하기 위해서는 좀 더 다양한 관점에서 조직의 과거, 현재, 미래의 성과를 종합적으로 조망할 수 있어야 한다는 점을 강조하고 있다. 이 중에서도 지적자본론은 연구기관과 같은 지식기반 조직의 성과관리에 좀 더 유용성이 높은 것으로 논의되고 있다(Svieby, 2001; EU, 2003; Mouristen, 2005; 이찬구, 2005). 따라서 이하에서는 이 논문의 이론적 기반으로 활용하고자 하는 지적자본에 한정하여 논의를 진행하고자 한다.

한편, 지적자본[28])에 관한 논의는 특정한 학문분야에서 전속(專屬)적으로 진행되기보다는 학제적인 성격이 강하면서 실무적인 필요성에서 그 중요성이 더욱 강조되는 경향을 보이고 있다. 따라서 이 장에서는 먼저 그동안 관련 학계 및 실무에서 제기되었던 내용들에 근거하여 지적자본의 이론적 기초를 살펴보고, 연구개발 분야에서의 성과평가 또는 성과관리로의 활용 가능성을 선진국의 사례를 참조하여 원론적인 측면에서 논의하고자 한다.

1. 지적자본의 이론적 기초

지적자본에 관한 연구는 연구자의 학문분야에 따라 다양하게 전개되고 있으나, 지적자본의 측정 및 평가방법과 관련하여 가장 큰 차이를 보이고 있다. 즉, 지적자본의 측정·평가를 기존의 재무제표에 근거하는 "전통적 접근법"과 재무제표 이외의 비재무적인 사항들을 활용하는

---

28) 용어와 관련하여 지적자본(intellectual capital), 무형자산(intangible asset), 지식자산(knowledge asset), 지적자산(intellectual asset) 등이 혼용되고 있는 상황이다. 그러나 이들은 공통적으로 조직이 가지고 있는 유형자산 이외의 다른 어떤 것들을 포괄적으로 지칭하는 개념으로서, 학문적 관점에 따라 각기 다른 용어를 선호하고 있는 정도이다. 따라서 이 연구에서는 가장 광의의 개념이라 할 수 있는 "지적자본"으로 통일하여 사용하고자 한다(Sullivan, 2002).

"지식기반 접근법"으로 대별할 수 있다(김명순·이영덕, 2001). 따라서 여기서는 지적자본에 관한 기존의 모든 연구를 살펴보기보다는, 연구기관 평가에서 좀 더 활용성이 크다고 판단되는 지식기반 접근법 중심으로 지적자본의 이론적인 논의를 전개하고자 한다.

1) 지적자본의 개념 및 분류

지적자본이라는 개념이 등장하게 된 배경은, 1990년대 이후에 기업의 시장가치(market value)와 장부가치(book value) 간의 차이를 설명할 필요성이 대두되었기 때문이다. 즉, 재무적 성과로는 설명되지 않는 기업의 시장가치는 그 조직만이 가지고 있는 특별한 지적자본이 반영되어 나타나는 결과라는 것이다(배재학·안기명, 2001: 60). 그러므로 지적자본에 관한 기존 연구들은 정치한 이론적 배경을 가지고 있기보다는, 기존의 재무적 성과 외에 비재무적 성과들도 측정하여 조직 가치를 정당하게 평가받음은 물론 숨은 가치를 찾아내는 학습과정으로 활용하기 위한 실용적인 목적에서 발전하였다는 공통점을 가지고 있다(한인구 외, 2000: 41).

따라서 지적자본의 정의에 대해서도, 많은 연구자들이 각자의 실무적인 입장에서 다양하게 제시하고 있다(Brooking, 1996; Stewart, 1997; Sveiby, 1997; Edvinsson and Malone, 1997; 한인구 외, 2000). 이러한 기존의 정의들을 종합하면, 지적자본은 특정 조직이 현재뿐만 아니라 미래에도 다른 조직보다 경쟁력을 확보할 수 있게 하는 무형의 모든 경쟁 요소를 포함한다는 공통점을 가지고 있다. 즉, 이들은 현재의 조직가치는 물론 미래의 성장 잠재력까지도 함께 설명하기 위한 개념으로서 지적자본을 사용하고 있는 것이다. 따라서 이 연구에서는 지적자본을 "경영 활동을 통해 축적된 무형의 경쟁력으로서, 조직이 원하는 성과를 창출할 수 있게 하는 가치 있는 잠재지식"으로 정의하여 사용하고자 한다.

지적자본을 위와 같이 정의하고 측정의 필요성을 인정한다 하더라도, 지적자본의 구체적인 분류와 각각의 구성요소를 어떻게 볼 것인가는 연구자들에 따라 역시 견해가 달라지고 있다(Brooking, 1996; Stewart, 1997; Sveiby, 1997; Edvinsson and Malone, 1997, 한인구 외, 2000). 이를 종합하면 <표 1>과 같이 특정 조직의 지적자본은, 직원 및 경영진 등 구성원에 관련된 사항, 조직구조 및 업무절차 등에 관련된 사항, 고객 및 외부 관계 등에 관련된 사항으로 분류하여 정리할 수 있다.

〈표 1〉 기존 연구의 지적자본 분류 및 비교

분류 연구자	구성원에 관련된 사항	조직구조 및 업무절차에 관련된 사항		고객 및 외부관계에 관련된 사항
Stewart	인적 자본	구조 자본		고객 자본
Brooking	인간 중심 자본	지적소유 자본	인프라 자본	시장 자본
Sveiby	역량 자본	내부 자본		외부 자본
Edvinsson 외	인적 자본	프로세스 자본	혁신 자본	고객 자본
한인구 외	인적 자본	지적재산권	인프라 자본	고객 자본
구성 요소	-업무관련 지식 / 능력 -교육훈련 -심리적 만족도 -창조적 문제해결 능력 -경영진의 리더쉽	-각종 지적재산권 -조직문화 -지배구조 -경영기법 및 관리 방식 -의사결정 시스템 -IT 인프라 및 지원시 스템		-브랜드 인지도 -고객 만족도 -대외 평판 및 명성 -고객의 충성도 / 신뢰도 -외부 네트워크

자료: Brooking(1996), Stewart(1997), Sveiby(1997), Edvinsson and Malone(1997), 한인구 외(2000).

이처럼 지적자본의 분류에 관한 기존 연구를 살펴보면, 각자 사용하는 용어나 구성요소의 구체적인 사항이 약간씩 상이하기는 하나 큰 차이가 없는 것으로 나타나고 있다. 따라서 이 연구에서도 지적자본을

① 구성원의 역량과 헌신성을 설명하는 "인적자본"(human capital), ② 각종 지적재산권, 조직구조와 업무절차 등을 포함하는 "구조자본"(structural capital), ③ 직·간접 고객의 만족도와 외부 관계 등을 나타내는 "관계자본"(relational capital)으로 분류하고자 한다. 그리고 이 분류에 근거한 분석의 관점을 설계하여 현행 우리나라의 기관평가에서 채택하고 있는 평가지표를 분석하게 될 것이다.

2) 지적자본의 측정 및 평가방법

그동안 많은 학자들이 지적자본의 증가와 감소는 구체적으로 설명할 수 있고 또한 측정할 수 있다는 명제 하에서 지적자본을 측정·평가하기 위한 방법을 개발하여 왔다. 이와 관련하여 Sveiby(2004)는 기존의 방법들을 ① 지적자본 직접측정 접근법(Direct Intellectual Capital Methods: DIC), ② 측정표 접근법(Scordcard Methods: SC), ③ 시가총액 접근법(Market Capitalization Methods: MC), ④ 자산수익율 접근법(Return on Assets Methods: ROA)의 4가지로 분류하고 있다.

이상의 4가지 접근법은 재무제표의 사용 여부에 따라 "전통적 측정·평가법"과 "지식기반 측정·평가법"으로 다시 분류할 수 있다(김명순·이영덕, 2001). 전자는 지적자본의 측정에서 재무제표를 활용하는 것으로 시가총액 접근법과 자산수익율 접근법이 여기에 속하며, 후자는 비재무적인 사항들을 측정해서 조직 전체의 지적자본을 측정하고자 하는 것으로 지적자본 직접측정 접근법과 측정표 접근법들이 여기에 속한다. 이를 종합하면 <표 2>와 같이 지적자본의 측정 및 평가에 관한 방법들을 분류하여 정리할 수 있다.

〈표 2〉 지적자본 측정·평가 방법의 분류

구 분		주요 내용
지식기반 측정 / 평가법	지적자본 직접측정 접근법	-지적자본의 구성요소를 파악하여 화폐가치로 추정하는 방법 -지적자본의 구성요소가 파악되면, 개별 계수 또는 총괄 집계 계수를 활용하여 화폐가치를 직접 평가
	측정표 접근법	-지적자본의 구성요소를 파악하여 지표와 지수를 산정하고, 이를 표 또는 그래프로 표시하는 방법 -지적자본 직접측정 접근법과 유사하나, 화폐가치로의 환산을 시도하지 않음.
전통적 측정 / 평가법	시가총액 접근법	-기업의 시가총액과 총자산간의 차이를 지적자본 가치로 간주
	자산수익율 접근법	-기업의 당기 순이익을 자산 총액으로 나눈 초과자산 수익률에 총 유형자산을 곱한 값을 지적자본 가치로 간주

자료 : Sveiby(2004)와 김명순·이영덕(2001)을 종합하여 재작성

전통적 접근법은 객관적인 재무제표를 활용함으로써 조직간 비교가 가능하다는 장점이 있으나, 할인율과 할인 기간 등의 산정에서 자의성이 개입할 수 있다는 한계를 가지고 있다. 반면에 지식기반 접근법은 개별 조직의 특성에 맞는 측정지표를 개발할 수 있어 내부 성과지표로서의 활용가치가 크다는 장점이 있으나, 조직간 비교를 위한 표준화된 평가방법을 설계하기가 어렵다는 단점을 가지고 있다(배재학·안기명, 2001: 71 - 72).

한편, Sveiby(2004)는 기존의 다양한 지적자본 측정·평가 방법들을 "화폐가치로의 환산 유무"와 측정 차원이 "개별 구성요소인가 조직 전체인가"라는 2가지의 기준을 적용하여 재분류하고 있는데, 이를 정리하면 (그림 1)과 같다.

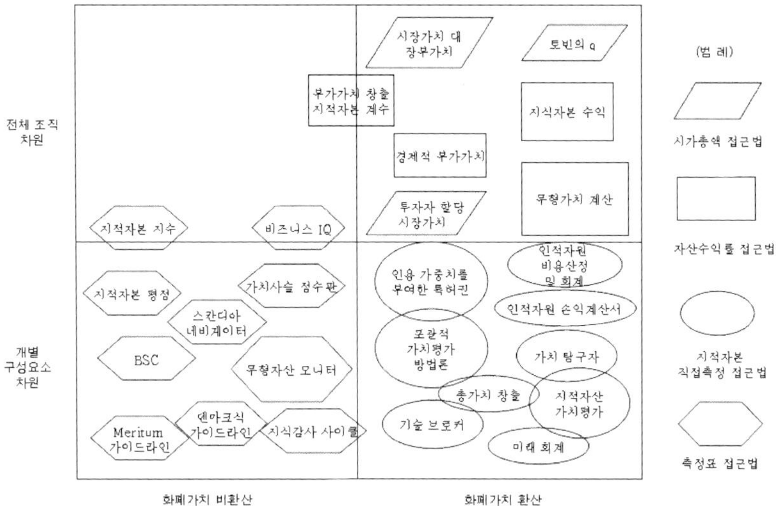

(그림 1) 지적자본 측정·평가 방법의 분류

이에 따르면 지적자본 측정·평가의 모든 목적을 동시에 만족시킬 수 있는 단일 방법은 존재하지 않으며, 구체적인 측정 목적, 조직 형태 및 상황, 관련자 등을 종합적으로 검토하여 단일 또는 복수의 방법론이 선택적으로 적용되어야 함을 알 수 있다. 예로서, ① 성과관리를 위한 통제목적에는 지식성과 측정지표법이, ② 인수합병을 위한 화폐가치 측정에는 고객 당 수익률 계산법이나 브랜드 가치 계산법이, ③ 이해관계인에게의 보고 목적에는 경제적 부가가치법이, ④ 투자를 위한 의사결정에는 현금할인법이, ⑤ 잠재가치를 발굴하기 위한 학습목적으로는 측정표 접근법이나 지적자본 직접측정 접근법이 좀더 유용한 것으로 논의되고 있다.

2. 연구개발의 특성과 평가의 어려움

과학기술 또는 연구개발은 민간 기업을 포함한 모든 조직의 지적자본 증진에서 가장 중요한 활동 중의 하나로 인식되고 있다. 이에 따라 연구개발 투자비가 어느 정도 지적자본으로 전환되는가에 대한 연구가 진행되어 왔다(Lev and Sougiannis, 1996; Ballester et al., 2000; 이원흠·최수미, 2002). 이에 따르면 산업 군에 따라 다소의 차이는 있으나, 민간 기업의 경우 시장가치와 장부가치의 차이 중에서 약 1 / 3이 연구개발 자산이 차지한다는 것을 보여주고 있다(Ballester et al., 2000). 이처럼 연구개발은 지적자본 활동에서 매우 중요함에도 불구하고 다른 여타의 활동들과는 다른 특성을 가지고 있으며, 이는 다시 산출물이나 결과물에 대한 측정과 평가를 매우 어렵게 만드는 요인으로 작용하고 있다. 따라서 이하에서는 연구개발의 일반적인 특성과 이의 평가가 어려운 이유들을 설명함으로써, 연구개발 평가에서 지적자본적 관점의 적용이 필요함을 간접적으로 논의하고자 한다.

먼저 기존 연구결과들을 종합하여, 과학기술 또는 연구개발 활동의 일반적 특징을 정리하면 다음과 같다(이진주 외, 1996; 노화준 외, 1996; 이무신·엄기용, 1997; 강병철·김영배, 1999; 김명순 외, 2000). ① 연구개발 조직에서는 일반 제조업체와 달리 미래의 불확실성을 제거하기 위하여 좀더 많은 유연성과 독창성이 요구된다. ② 연구개발 활동은 계획적일 수 없으며 이로 인해 관리하기가 쉽지 않다. 즉, 연구개발의 진행 정도를 계량적으로 파악하기가 어렵고 예산사용 또한 계획대로 되지 못하는 경우가 많다. ③ 연구개발의 효과는 재무제표로 나타내기가 어려우며, 이로 인해 연구개발의 투자수익률 파악에서는 간접적 방법의 활용이 일반적이다. ④ 연구개발은 성공하기가 쉽지 않지만, 일단 성공하면 그 가치 및 파급효과가 매우 크게 나타나는 경향이 강하다. ⑤ 연구조직의 성과는 연구자 개인의 지적활동에 의존하는 바가 크다. 따라서 연구자 개개인의 혁신성이 조직의 생명이며, 이를 조직의 지적자본으로 전환시키는 능력이 연구조직의 핵심역량이 되어야 한다. ⑥ 연구조직의 구성원들은 미개척 영역에 대한 자신들의 역할에 긍지를 느끼며 크게는 인류의 진보를 위해 일한다고 생각한다. 따라서 이들은 자신들의 조직이 일반 조직과는 다른 원칙에 의하여 운영되어야 한다고 믿고 있다.

이처럼 과학기술 또는 연구개발 활동은 다른 분야와 구별되는 특성을 가지고 있으며 이로 인해 연구개발 평가가 쉽지 않은 것으로 인식되고 있다. 연구개발 평가가 어려운 이유를 기존 연구들에 근거하여 정리하면 다음과 같다(Barbarie, 1992: 173－174; Geisler, 1994: 190). ① 연구개발 평가의 가장 큰 어려움은 연구개발의 과정 및 결과가 전문적이고 불확실하여 과학자 이외의 사람이 평가하기에는 일정한 한계가 있다. ② 설혹 연구개발의 결과가 확실하다 해도 이의 긍정적이거나 부정적인 영향을 추적하는 것은 현실적으로 매우 어렵다. ③ 과학적인 성과를 측정할 수 있는 적절한 도구가 존재하지 않는다. 즉, 연구개발 활동과 영향의 발현 간에는 많은 시간적인 간격이 존재함으로 이를 적절하게 측정하는 것이 쉽지 않다. ④ 연구개발의 투입과 산출을 연계시키는 것이 쉽지 않다. 많은 요소들이 연구개발의 결과에 영향을 미치며, 단일의 연구개발 활동이라 해도 여러 분야에 영향력을 미치기 때문이다. ⑤ 연구개발의 산출을 계량화하는 과정에서 많은 저항이 발생할 수 있다. 즉, 과학기술자들은 자신들의 연구결과가 질이 아닌 다른 기준에 의하여 평가되는 것을 강하게 거부하는 경향이 있다.

이상과 같은 연구개발 활동의 특성과 평가의 어려움에도 불구하고, 1980년대 이래 연구개발 평가는 공공 관리의 중요한 분야로 등장하게 되었다(Cabinet Office, 1989). 즉, 현대 국가는 기술혁신을 국가 경쟁력 향상과 국민복지 증진의 가장 효율적인 정책수단으로 인식하면서 막대한 자원을 과학기술과 연구개발에 투입하고 있다. 이에 따라 연구개발 자원투입의 적정성, 연구개발의 효과성 및 결과의 질적 수준, 연구개발의 사회·경제·문화적 파급효과 등에 대한 평가가 국가 차원에서 필요하게 되었기 때문이다(Ormala, 1989: 333).

3. 지식기반 조직의 성과평가에서 지적자본 이론의 활용 사례

최근 유럽의 선진국을 중심으로 지적자본의 측정과 공시를 공사 부문의 성과관리를 위한 유용한 도구로 활용하는 사례가 점차 증가하고 있는 추세이다(이찬구, 2006). 이는 지식사회의 도래와 함께 모든 공사 부문에서 가치창출의 핵심 원동력이 무형의 지적자본이라는 인식의 공감대가 형성되어 있기 때문이다. 따라서 지적자본의 측정과 관리는, 그 속성상 연구기관, 금융기관, 컨설팅 기관, SI업체 등 주로 지식기반 조직에 유용한 성과향상이나 성과평가의 방법이 될 수 있을 것이다.

대표적인 지식기반 조직인 연구기관들의 지적자본 측정은 유럽을 중심으로 활발하게 전개되고 있다. 예로서, 오스트리아의 연구기관인 ARC (Austrian Research Centers), 스웨덴의 Karolinska 대학병원 부설의 분자의학연구센터(CMM; Center for Molecular Medicine), 독일의 항공우주 연구기관인 DLR(German Aerospace Center), 핀란드의 정보통신 및 생명공학 연구기관인 VTT(Technical Research Center of Finland) 등이 선도 사례로 논의되고 있다(de Pablos, 2004: 18).[29] 특히, 오스트리아의 ARC는 1999년에 최초로 지적자본 보고서를 발간한 이래 현재까지 계속하여 지적자본의 측정과 공시를 수행하고 있어 가장 성공적인 경우로 인정되고 있다.

한편, 2000년대에 들어서면서는 지적자본의 측정과 관리가 개별 기업이나 조직 차원을 넘어 국가 차원에서 활성화되는 모습이 나타나고 있다. 국가 차원에서의 활용은 두 가지 형태로 진행되고 있는데, 그 첫째가 자국 기업들의 지적자본 공시를 장려하기 위한 지침서를 발행하

---

29) 이중에서 ARC와 CMM은 지적자본 보고서를 공표하고 있으나(ARC, 2004; CMM, 2004), DLR과 VTT는 아직까지는 측정결과를 공표하지는 않고 내부 자료로 활용하고 있는 상황이다.

는 일이다. 덴마크가 2000년도에 최초로 지적자본 공시 지침서를 발행한 이래(DATI, 2000; DMSTI, 2003), 2004년 8월에는 독일이(FMEL, 2004) 그리고 2005년 10월에는 일본이(METI, 2005) 연이어 지침서를 발행하였다. 이러한 지침서들의 공통적인 사항은, 지적자본 보고서가 기업들의 연차보고서와 회계보고를 보완할 수 있어, 시장에 정확한 기업정보를 제공할 수 있음은 물론 다양한 이해관계자들과의 의사소통 역할을 함으로써 미래성과의 향상에 기여할 수 있다는 점이다.

다른 하나는 지적자본을 대학과 지방정부 등 공공부문의 성과관리 또는 성과평가에 활용하려는 시도이다. 먼저, 지적자본 측정과 대학평가를 연계하려는 국가로는 오스트리아가 선구적이다. 즉, 오스트리아는 2002년도에 제정되어 2004년도부터 시행되는 법률(University Act 2002)에 의하여 2006년도부터는 모든 대학이 지적자본 보고서를 발간하도록 의무화하고 있으며, 이를 대학평가와 예산배분을 위한 정책수단으로 활용할 예정이다. 다음으로 이탈리아에서는 지방 정부가 중심이 되어 지역사회의 책임경영 현황을 대내·외에 보고하고 환류하기 위한 수단의 하나로 지적자본 보고서를 활용하려는 논의가 활발하게 진행되고 있는 상황이다(이찬구, 2006: 120).

이상의 사례를 통하여 유럽 선진국에서는 이미 지적자본의 측정과 공시를 국가 전체의 성과향상 또는 공공 부문의 성과평가를 위한 유용한 방법으로 활용하려는 움직임이 매우 구체적으로 진행되고 있음을 알 수 있다. 따라서 우리나라의 연구기관 평가에서도 사회의 변화하는 패러다임을 적극적으로 수용할 수 있는 정책적 뒷받침과 제도의 정비가 시급한 실정이라고 생각한다. 이런 관점에서 향후 국가 경쟁력과 국민복지 증진의 유용한 정책수단으로 작용할 수 있는 연구개발의 성과를 합리적으로 관리하고 평가할 수 있는 방법 중의 하나가 지적자본 이론이라는 점을 새롭게 인식할 필요가 있을 것이다.

 출연 연구기관 평가의 2006년도 평가지표 분석

이 장에서는 우리나라의 과학기술 분야에서 대표적인 성과평가 제도라고 할 수 있는 출연 연구기관 평가제도에서 제시하고 있는 평가지표[30]의 다양성과 균형성을 분석하고자 한다. 즉, 연구성과 평가법이 지향하는 내용이 현재의 평가제도에서 평가지표에 적절히 반영되어 있는지 그리고 반영되고 있다면 어느 정도인지를 판단하고자 한다. 이를 통하여 우리나라의 연구기관 평가에서 무형자산 또는 지적자본에 대한 인식의 유무와 이의 구체화 정도를 밝혀낼 수 있을 것으로 기대한다.

1. 평가지표의 다양성과 균형성 분석을 위한 관점

본격적인 사례분석을 수행하기에 앞서 간략한 분석의 관점을 제시하고자 한다. 이 연구에서 일반적으로 사용되는 "분석틀" 대신 "분석의 관점"이라는 용어를 사용한 것은 본 내용이 분석틀이라고 할 만큼 정

---

30) 일반적으로 평가지표(indicator)는 산출물이나 성과를 직접적으로 계량화하여 나타낼 수 없을 때에 사용하는 대용 측정수단(a proxy measure)을 말한다(HM Treasury, 1988: 30). 그러나 실무에서는 이러한 학술적 측면의 지표 개념이 정확하게 반영되지 못하고 있는 것이 현실이다. 이러한 이유로 3개 연구회에서 평가지표 또는 성과지표라고 제시하고 있는 내용들은 엄밀한 의미에서의 평가지표라고 보기에는 무리가 있는 사항을 포함하고 있는 경우도 있다. 이러한 개념상의 불일치에도 불구하고 이 논문에서는 연구회의 평가편람에서 평가지표라고 제시하고 있는 사항을 대상으로 분석을 진행하였다. 이는 특정 개념에 대한 이론과 현실 간의 통합을 모색하는 것은 이 논문의 범위를 벗어나는 내용이라고 판단하였기 때문이다.

교하지 못하기 때문이다. 그럼에도 불구하고 사례분석에 필요한 최소한의 기준은 필요하다고 생각한다. 이런 관점에서 우선 평가지표의 다양성을 분석하기 위해서는 유형성과와 무형성과간의 관계를, 성과지표의 균형성을 살펴보기 위해서는 지적자본적 관점에서 인적자본, 구조자본, 관계자본의 구성 정도를 논의하고자 한다. 이상의 내용을 간략하게 정리하면 (그림 2)와 같이 표시할 수 있을 것이다.

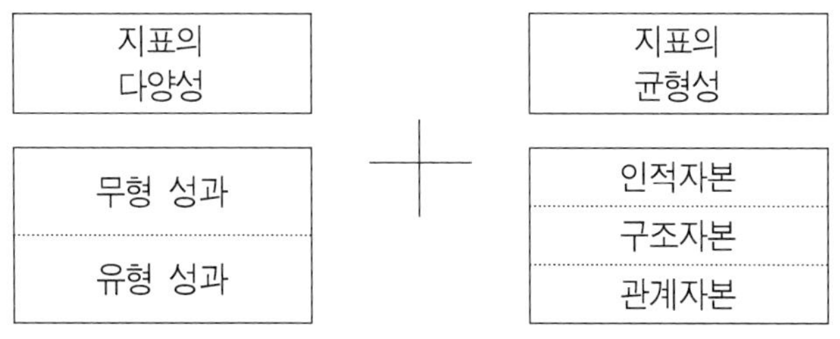

(그림 2) 평가지표 분석을 위한 관점

2. 2006년도 연구기관 평가제도의 개요

과학기술 및 연구개발 분야에서 성과평가를 지향하는 정부의 노력은, 2005년 5월의 "과학기술계 출연기관 평가제도 개선"과 2005년 12월에 "연구성과 평가법"의 제정으로 제도화되었음은 이미 설명하였다.

특히, 국가과학기술위원회가 2005년 5월에 개선·발표한 과학기술계 출연기관 평가제도는 국내·외적인 추세를 반영하여 기관평가 제도를 성과중심적으로 혁신하고자 하는 목적을 가지고 있다. 과학기술 분야에서 처음으로 명시적인 성과주의를 지향하는 2006년도 연구기관 평가제도의 주요 개선내용은, ① 기관의 우열을 가리는 상대평가에서 기관발전을 유도하는 절대평기로의 전환, ② 연구기관이 자율적으로 성과목표와 성과지표를 제시하는 상향(bottom−up) 방식의 평가지표 설정, ③

전문성 제고를 위한 연구기관별 평가단 구성, ④ 연구성과의 비중 70%로 상향 조정 등으로 요약할 수 있다(국가과학기술위원회, 2005: 1).

이중에서도 과거의 평가제도와 비교할 때 가장 많은 변화가 일어난 사항이 바로 평가지표라고 할 수 있다. 과거에는 원칙적으로 연구회가 제시하는 동일한 평가지표가 모든 연구기관에 일률적으로 적용되었다.[31] 그러나 2006년도에는 평가지표를 "연구성과 지표"와 "경영성과 지표"로 먼저 구분한 다음에, 연구성과 지표는 개별 연구기관들이 자신들의 특성을 충분히 반영하여 자율적으로 제시하게 한 반면, 경영성과 지표는 3개 연구회가 관련 정부정책을 반영하여 동일한 지표를 공통적으로 제시하고 있다. 또한, 연구성과의 비중을 70%로 상향 조정함으로써, 경영성과보다는 연구성과 중심으로 기관평가 제도가 운영될 수 있도록 하였다. 따라서 평가지표의 비중 조정과 설정과정이라는 측면에서 보면, 2006년도의 기관평가 제도는 과거보다는 연구기관의 특성을 좀 더 잘 반영할 수 있도록 개선이 이루어졌다고 판단된다.

그러나 이러한 개선에도 불구하고 각 연구기관의 성과지표가 연구성과 평가법이 지향하는 목표 또는 앞에서 논의한 연구개발의 특성이 충분히 반영할 수 있도록 지표 자체가 다양성과 균형성을 갖추고 있는가는 불명확한 상황이다.[32] 즉, 제도 자체가 아무리 성과주의를 지향한다 해도 평가대상의 특성을 합리적으로 반영할 수 있는 평가지표의 설계가 이루어지지 못한다면 제도개선의 본래 취지를 살릴 수 없기 때문이다. 이러한 문제의식에서 다음에는 성과목표와 성과지표에 대한 분석을 수행하고자 한다.

---

31) 일부 연구회는 연구기관 간 특성을 반영하여 평가지표의 배점을 달리 적용하는 경우가 있었으나, 동일한 평가지표를 적용하였다는 점에서는 3개 연구회가 동일하였다.

32) "과학기술계 출연기관 평가제도"가 연구성과 평가법의 제정 이전인 2005년 5월에 확정되기는 하였으나, 동법의 입법예고 시점 역시 2005년 5월이었기 때문에 연구개발 성과의 범위와 대상이 확대될 것이라는 것은 충분히 예견된 사항이었다.

3. 성과목표의 유형 분류

성과관리 제도는 일반적으로 전략목표, 성과목표, 성과지표로 구성되고 이들 상호 간의 밀접한 연계성 하에서 운영되어야 한다(기획예산처, 2003). 이런 측면에서 성과지표의 본질을 좀 더 정확하게 파악하기 위해서는, 전략목표와 성과목표에 대한 분석이 필요하게 될 것이다. 다만, 현행 우리나라의 연구기관 평가에서는 전략목표가 명시적으로 제시되어 있지 않기 때문에 본 논문에서는 성과목표에 한정하여 분석을 수행하고자 한다.

성과지표 작성의 전제가 되는 연구기관의 성과목표 형태를 살펴보면, 기관의 기능과 임무 중심으로 성과목표를 제시하는 "기능형 성과목표"와 자신들이 수행하고 있는 주요 사업의 내용에 근거하여 성과목표를 제시하는 "사업형 성과목표", 그리고 양자를 병행적으로 사용하는 "혼합형 성과목표"로 크게 분류할 수 있다(기초기술연구회, 2005: 14－16; 공공기술연구회, 2005: 15－24; 산업기술연구회, 2005: 21－65). 이런 관점에서 3개 연구회 산하의 21개 연구기관의 성과목표를 형태별로 분류하면 <표 3>과 같다. 구체적인 성과목표의 분류에서는 70%를 기준으로 하여 특정한 형태의 성과목표가 전체의 70%를 초과하는 경우에는 해당 성과목표 군(群)으로 정리하고, 그 이하의 비율로 구성되는 경우에는 혼합형 성과목표 군으로 분류하였다.

〈표 3〉 2006년도 기관평가의 연구기관별 성과목표 형태

분　류	기능형 성과목표	사업형 성과목표	혼합형 성과목표	합　계
기초기술연구회	4	－	－	4
공공기술연구회	1	4	4	9
산업기술연구회	2	3	3	8
합　계	7	7	7	21

이상을 통하여 볼 때, 기초기술연구회 소관 연구기관들은 기능형 성과목표의 형태를 취하고 있는 반면, 공공기술연구회와 산업기술연구회의 경우는 사업형 또는 혼합형 성과목표를 채택하고 있는 연구기관들이 많은 것으로 나타나고 있다. 이의 이유는 기초기술연구회 소관의 연구기관들은 기초와 원천 분야의 연구 비중이 높은 반면, 공공기술연구회와 산업기술연구회 소관의 연구기관들의 연구 분야가 상대적으로 좀 더 가시적이고 목적 지향적인 성격이 강하기 때문으로 판단된다.

4. 평가지표의 분석

앞에서 논의한 연구기관의 성과목표는 이를 구체적으로 측정할 수 있는 평가지표로 전환되어 표현되어야 한다. 이런 관점에서 형태별 성과목표를 제시하고 있는 연구기관 중에서 1곳씩을 각각 선정하여,[33] 2006년도의 평가지표를 유·무형의 성과관점과 지적자본 관점에서의 분류를 시도하였다(기초기술연구회, 2005; 공공기술연구회, 2005; 산업기술연구회, 2005). 지적자본 관점에서의 성과지표 분석에서는 3대 지적자본으로의 명확한 분류가 어려운 경우에는, 구체적인 내용이 좀 더 근접한 지적자본 유형으로 처리하거나 중복적으로 분류하였다. 그리고 이러한 방법으로도 여의치 않은 평가지표는 기타 항목으로 예외적으로 분류하였다. 이에 따라 3개 연구기관의 성과지표를 유·무형의 성과관점과 지적자본적 관점에서 분석하면 <표 4>, <표 5> 및 <표 6>으로 각각 정리할 수 있다.

---

[33] 분석대상 연구기관의 선정 기준은 해당 연구회의 연구 분야를 상대적으로 잘 반영하면서도 연구예산 등 규모가 큰 기관을 중심으로 하였다.

<표 4> 기능형 성과목표 연구기관의 평가지표 분석:
기초기술연구회 소관 A연구원

성과 목표		평가(성과) 지표	배점	유·무형 성과 관점	지적자본 관점
연구 성과	1. 첨단기술 분야에서의 원천기술 개발 (20점)	-뇌질환 관련 신약 후보물질 연구	6점	유형성과	구조자본
		-스핀·전하 원천기술 개발	6점	유형성과	구조자본
		-실시간 분자영상 기술 개발	4점	유형성과	구조자본
		-양자암호 전송 시스템 개발	4점	유형성과	구조자본
	2. 융·복합 분야에서의 차세대 성장동력 핵심 기술 개발 (15점)	-네트워크 기반 휴머노이드 기술 개발	7.5점	유형성과	구조자본
		-양자점 LD 시제품 개발	4.5점	유형성과	구조자본
		-지능형 약물전달 시스템	3점	유형성과	구조자본
	3. 에너지 분야의 차세대 성장동력 핵심기술 개발 (15점)	-연료전지 시스템 개발	7.5점	유형성과	구조자본
		-차세대 2차 전지 소재기술 개발	4.5점	유형성과	구조자본
		-유기 태양전지 기술개발	3점	유형성과	구조자본
	4. 삶의 질 향상을 위한 생체·환경 분야 공공 기술 개발 (10점)	-미량 혈액을 이용한 극미세 진단시스템 기술개발	4점	유형성과	구조자본
		-하상 여과에 의한 하천수질 개선 기술 개발	4점	유형성과	구조자본
		-파크리탁셀 고형화 기술 개발	2점	유형성과	구조자본
	5. 혁신형 중소기업 지원을 위한 산업화기술 개발 (10점)	-지능형 센서 및 액추에이터 개발	4점	유형성과	구조자본
		-비냉각식 Mcro-bolometer 적외선 시스템 개발	4점	유형성과	구조자본
		-음향컨벡션 전기 오븐기술 개발	2점	유형성과	구조자본
경영 성과	1. 책임 및 혁신경영 (12점)	-책임경영과 리더십	5점	무형성과	인적자본
		-경영혁신 실적	5점	무형성과	기 타
		-지적사항 개선 실적	2점	무형성과	기 타
	2. 연구자원 운용 (8점)	-인사 및 재무관리	6점	무형성과	인적/구조자본
		-지식·정보관리	2점	무형성과	구조자본
	3. 연구 및 성과관리 (10점)	-연구목표 및 추진관리	3점	무형성과	구조자본
		-연구관리 체계	4섬	무형싱과	구조자본
		-연구협력 네트워킹	3점	무형성과	관계자본

〈표 5〉 사업형 성과목표 연구기관의 평가지표 분석:
산업기술연구회 소관 B연구원

성과 목표		평가(성과) 지표	배점	유·무형 성과 관점	지적자본 관점
연구 성과	1. 동일주파수 방송기술 개발 (10점)	−중계기 시제품의 System Delay 최소화 등	5점	유형성과	구조자본
		−실험방송의 음영지역 수신 향상율 등	2점	유형성과	구조자본
		−특허/논문/기술이전 성과	3점	유형성과	구조자본
	2. 무선 홈네트워크(UWB) 통합 솔루션 개발(10점)	−모뎀 칩의 전송율 및 size 등	5점	유형성과	구조자본
		−초소형 안테나 size 등	2점	유형성과	구조자본
		−특허/논문/기술이전 성과	3점	유형성과	구조자본
	3. 미래 방재시스템을 위한 스마트 센서기술 개발(10점)	−통신거리 안정성 및 전달 지연도	3점	유형성과	구조자본
		−센서 네트워킹 미들웨어 개발	3점	유형성과	구조자본
		−나노 플랫폼 지원 통합개발 환경	2점	유형성과	구조자본
		−특허/논문/기술이전 성과	2점	유형성과	구조자본
	4. 디지털액터 제작기술 개발 (10점)	−영상 기반 모델러의 정확도	1점	유형성과	구조자본
		−디지털 액터 표현 S/W의 정확도	3점	유형성과	구조자본
		−군중 애니메이션 시스템 개발	2점	유형성과	구조자본
		−동영상 배경 특징점의 정합도	1점	유형성과	구조자본
		−특허/논문/기술이전 성과	3점	유형성과	구조자본
	5. 한영 특허문서 자동번역 시스템 개발 (10점)	−12개 분야 특허문서 번역율	7점	유형성과	구조자본
		−200만 전문용어 대역어 및 20만 번역패턴 구축	1.5점	유형성과	구조자본
		−특허/논문/기술이전 성과	1.5점	유형성과	구조자본
	6. 모바일 RFID 개발 (10점)	−MRF 표준 준용 수 등	4점	유형성과	구조자본
		−MRF 단말 네트워크 서비스 기술 관련 표준화 건수	2점	유형성과	구조자본
		−MRF 테스트베드 시험환경 구축	2점	유형성과	구조자본
		−특허/논문/기술이전 성과	2점	유형성과	구조자본

성과 목표		평가(성과) 지표	배점	유·무형 성과 관점	지적자본 관점
연구 성과	7. 금속특성 기반의 잡음 제거 소자 개발 (10점)	-MIT 현상 규명	2점	유형성과	구조자본
		-MIT 응용기 및 소자 개발	3점	유형성과	구조자본
		-MIT 소자 제조(대량생산 준비)	3점	유형성과	구조자본
		-특허/논문 / 기술이전 성과	2점	유형성과	구조자본
경영 성과	1. 책임 및 혁신경영 (6점)	-연구기관의 혁신 수준	4점	무형성과	기 타
		-연구활동 기반의 체계성	2점	무형성과	구조자본
		-전략경영 및 리더십	20점	무형성과	인적 / 관계자본
	2. 자원 운용 (10점)	-연구조직의 우수성	3점	무형성과	구조자본
		-인력구조 및 운용개선 노력	3점	무형성과	인적자본
		-예산확보 및 운용의 효율성	2점	유형성과	구조자본
		-자산관리의 효율성	2점	유형성과	구조자본
	3. 사업 및 성과관리 (14점)	-기술기획의 체계성	5점	무형성과	구조자본
		-연구수행 과정 및 성과평가의 합리성	2점	무형성과	구조자본
		-연구성과 관리 및 확산 노력	7점	무형성과	관계자본

<표 6> 혼합형 성과목표 연구기관의 평가지표 분석: 공공기술연구회 소관 C연구원

성과 목표		평가(성과) 지표	배점	유·무형 성과 관점	지적자본 관점
연구 성과	1. 극한환경 유전자원 및 해양 바이오 신소재 개발 연구 (15점)	-일차적 염기배열 결정 및 유전자 지도 완성 -생물정보학적 분석 결과 -유용 극한 유전자 탐색과 확보	10점	유형성과	구조자본
		-남극곤충의 미토콘드리아 전체 염기서열 결정 -극지 생물로부터 저온활성 유전자 확보	2점	유형성과	구조자본
		-해양 천연물 분리 및 구조 규명	3점	유형성과	구조자본

	성과 목표	평가(성과) 지표	배점	유·무형 성과 관점	지적자본 관점
연구 성과	2. 기후환경 모니터링 및 예측 요소기술 개발 (15점)	- 고도위성자료 / 표층순환 산정 역모델 개발 - 해색위성자료 / 기초생산력 연변화 정량화 - 남극해 탄소시스템 모델 개발	5점	유형성과	구조자본
		- 요소별 모형 개발 - 전 지구 해양순환모형 이용 해양 물리환경 및 물질순환 과정과 변화 실험	5점	- 유형성과 - 무형성과	구조자본
		- 동해 열염분 팽창 효과 산정기술 개발 및 장기 해수면 상승정량 제시 - 기후변화기인 및 시범해역 수몰 예상 영역도 작성	5점	유형성과	구조자본
	3. 남해 특별관리 해역의 환경 위해성 평가 연구 (15점)	- 환경 / 화학분야 SCI논문 5편 이상 - 국내특허 출원 2건 이상	7점	유형성과	구조자본
		- 환경 / 독성분야 SCI논문 2편 이상 - 국내특허 출원 1건 이상	5점	유형성과	구조자본
		- 목표수준 달성 여부 / 질적 우수성	3점	유형성과	구조자본
	4. 심층수 다목적 개발 연구 (15점)	- 근해형 심층수의 취수시스템 해석 프로그램 개발 - 육상형 시범개발 기반구축 및 운영	3점	- 유형성과 - 무형성과	구조자본
		- 신형식 분리막의 모듈화 완성 - 분리막 모듈의 담수화 성능 발휘	3점	- 유형성과 - 무형성과	구조자본
		- 심층수를 이용한 양식플랜트 구현 - 심층수를 이용한 농업이용 실증	1점	- 유형성과 - 무형성과	구조자본
		- 심층수를 이용한 건조시스템 개발 - 심층수를 이용한 냉방이용 적용성	2점	- 유형성과 - 무형성과	구조자본
		- 동해심층수 순환 및 추적 모델 정립 - 동해심층수 연령측정 및 예측모델	1점	유형성과	구조자본

성과 목표		평가(성과) 지표	배점	유·무형 성과 관점	지적자본 관점
연구 성과	5. 차세대 무인잠수정 개발 연구 (10점)	-선진국 수준의 심해 무인 잠수정 하드웨어 개발	5점	유형성과	구조자본
		-핵심기술 개발결과의 SCI 논문 게재 -핵심기술 개발결과의 특허 출원 -기타 정량적 성과지표 달성 여부	8점	유형성과	구조자본
		-선진국 수준의 운용 기술 확보 및 온누리호를 이용한 운용기술의 고유 프로세스 확보 여부	2점	무형성과	구조자본
경영 성과	1. 책임 및 혁신경영 (15점)	-책임경영과 리더십	6점	무형성과	인적자본
		-경영혁신 실적	7점	무형성과	기 타
		-지적사항 개선 실적	2점	무형성과	기 타
	2. 연구자원 운용 (7점)	-인사 및 재무관리	5점	무형성과	인적 / 구조자본
		-연구 인프라 관리	2점	무형성과	구조자본
	3. 연구 및 성과관리 (8점)	-사업기획·평가 관리	2점	무형성과	구조자본
		-성과확산 실적	3점	무형성과	구조자본
		-연구협력 네트워킹	3점	무형성과	관계자본

5. 분석의 종합

앞에서 3개 유형의 성과목표 형태를 취하는 연구기관의 평가지표를 각각 분석한 결과에 근거하여, 유형 및 무형성과 간의 비율과 세부 지적자본이 전체에서 차지하는 비율을 정리하면 <표 7> 및 <표 8>과 같다. 이 경우에 유·무형 성과 또는 2개 유형의 지적자본으로 중복 분류되는 평가지표의 배점은 산술평균하여 각각에 균등 배분하는 방법을 사용하였다.

<표 7> 평가지표의 유·무형적 관점 분석의 종합

분 류	기능형 성과목표 (기초기술연구회 A연구원)		사업형 성과목표 (산업기술연구회 B연구원)		혼합형 성과목표 (공공기술연구회 C연구원)	
	지표	배점	지표	배점	지표	배점
유형 성과	16	70	28	74	27	61
무형 성과	8	30	7	26	14	39
합 계	24	100	35	100	41	100

<표 8> 평가지표의 지적자본 유형별 분석의 종합

분 류	기능형 성과목표 (기초기술연구회 A연구원)		사업형 성과목표 (산업기술연구회 B연구원)		혼합형 성과목표 (공공기술연구회 C연구원)	
	지표	배점	지표	배점	지표	배점
인적자본	2	8	1	3	2	8.5
구조자본	20	82	32	86	21	79.5
관계자본	1	3	2	7	1	3
기 타	2	7	1	4	2	9
합 계	24	100	36	100	41	100

이상의 내용을 종합할 때, 2006년도 기관평가의 평가지표는 성과목표의 형태와 관계없이 전적으로 유형적 성과와 구조자본 중심으로 구성되어 있음을 알 수 있다. 즉, 분석대상인 3개 연구기관의 유형성과가 전체에서 각각 70%, 74%, 61%를 차지하고 있어 평균적으로는 68%를 차지하고 있다. 구조자본은 3개 연구기관이 각각 82%, 86%, 79.5%로서 평균적으로 83%를 점유하고 있다.

이러한 구조자본의 높은 비율은 필연적으로 인적자본과 관계자본의 낮은 비율로 이어질 수밖에 없게 된다. 먼저 인적자본을 살펴보면, A연구원이 8%, B연구원이 3%, C연구원이 8.5%로서 3개 연구기관의 평균은 7%로 나타나고 있다. 가장 전형적인 지적활동을 수행하는 연구기관의 최종 경쟁력은 우수 인재의 선발 및 육성과 이들의 최적 동기화에 좌우됨을 생각할 때 인적자본을 반영할 수 있는 평가지표의 적절한 상향 조정이 필요하다고 생각한다. 다음으로 관계자본은 A연구원이 3%, B연구원이 7%, C연구원이 4%로서 평균적으로는 4%를 점유하고 있다. 특히, A연구원과 C연구원의 경우는 관계자본을 나타내는 평가지표가 단지 1개만이 채택되어 있는 실정이다. 현 시점에서 우리나라의 정부출연 연구기관들은 공공재적인 성격의 연구개발을 주도적으로 수행하고, 이의 일환으로 많은 과학기술 주체들의 활동을 연계·조정하는 중재자의 역할이 요구됨에도 불구하고(과학기술부 외, 2003), 관계자본의 지나치게 낮은 비율은 개선이 필요한 것으로 판단된다.

이처럼 2006년도 정부출연 연구기관에 대한 평가지표를 지표의 균형성과 다양성이라는 측면에서 분석한 결과, 과거와 마찬가지로 무형성과와 지적자본의 내용을 많이 반영하지 못하고 있는 것으로 밝혀졌다. 특히, 2004년도 평가제도를 지적자본적 관점에서 분석한 기존의 연구결과와 비교하면,[34] 유형 및 무형 성과간의 균형성 또는 지적자본의

---

34) 4개 정부부처의 2004년도 평가지표를 지적사본의 유형별로 분서한 이찬구(2005)는 <표 9>와 같이 연구결과를 제시하고 있다.

〈표 9〉 2005년도 연구기관 평가지표 분석의 종합

지적자본 유 형	기초기술연구회		공공기술연구회		산업기술연구회		과학기술부	
	지표	배점	지표	배점	지표	배점	지표	배점
인적자본	1	5 (5%)	1	7 (6%)	2	20 (13%)	2	5.9 (6%)
구조자본	7	77.5 (70%)	6	74.5 (62%)	5	73.5 (49%)	15	83.5 (83%)
관계자본	4	27.5 (25%)	4	28.5 (24%)	2	6.5 (5%)	6	10.6 (11%)
기 타	-	-	2	10 (8%)	3	50 (33%)	-	-
합 계	11	110 (100%)	12	120 (100%)	10	150 (100%)	21	100 (100%)

관점에서만 본다면 2006년도 평가제도가 오히려 후퇴하였다는 판단이 가능할 것이다. 이는 지적자본의 특성상 이의 핵심 내용들이 유형성과 보다는 무형성과로 나타나는 경우가 많음에도 불구하고, 2006년도의 평가제도는 전체의 70%를 차지하는 연구성과가 전적으로 유형적인 성과중심으로 구성되어 있기 때문이다.

그러나 2006년도 연구기관 평가제도 개선의 기본이 되는 연구성과 평가법은 연구개발의 성과를 유형적인 것뿐만 아니라 무형의 경제·사회·문화적 성과까지도 포함하도록 명시적으로 규정하고 있다. 따라서 앞으로 정부는 본 법의 운영과정에서 앞에서 제기한 것과 같은 불합리한 일이 발생하지 않도록 하는 제도적인 장치 마련은 물론, 제도를 실제로 운영하는 과학기술계에서도 유형성과와 함께 무형성과를 중요하게 관리하려는 인식의 전환이 필요한 매우 적절한 시점이라고 생각한다.

 지적자본 관점으로의 평가지표 전환을 위한 정책방향

그동안 우리나라에서 시행되어 왔던 연구개발 분야에서의 각종 기관평가와 사업평가는 장·단기의 다양한 연구성과 또는 유·무형 성과간의 균형이 이루어지지 못한 것으로 나타나고 있다(이장재 외, 2003; 김성수, 2005; 남영호·김병태, 2005; 이찬구, 2005), 그러나 이와 같이 단기적 관점의 유형성과를 강조하는 평가제도로는, 연구개발의 성과를 합리적으로 판단하기에 부적절하다는 것은 주지의 사실이다. 이는 연구개발 활동은 그 특유의 속성상 장기간에 걸쳐 공공재적인 역할을 수행하는 무형성과를 다른 분야보다도 더욱 많이 산출하는 것으로 논의되기 때문이다. 이런 관점에서 연구개발의 성과를 인적자본, 구조자본, 관계자본이라는 3가지 측면에서 단기 산출(output)은 물론 중·장기적인 결과(outcome)와 영향(impact)까지도 최대한 포함할 수 있는 지적자본 관점을 연구개발 평가제도에 적용하는 것은, 향후 연구개발 분야의 좀 더 발전적인 성과평가 제도 수립에 많은 기여를 할 수 있을 것으로 판단된다.

이상과 같은 원칙적인 필요성에 근거하여, 이 장에서는 우리나라에서 시행되고 있는 연구기관 평가제도의 평가지표를 연구성과 평가법의 기본 정신과 부합되도록 전환하기 위한 정책방향을 지적자본의 관점에서 논의하고자 한다. 다만, 이 논문에서 제안하는 내용들은 다분히 향후의 정책전환을 위한 원칙적인 사항들에 한정될 것이며, 구체적인 정책대안의 개발은 후속 연구과제로서 남겨두고자 한다.

첫째, 정부를 포함한 공공 연구개발 수행주체들의 연구개발 성과의 내용과 범위에 대한 인식의 대전환이 절대적으로 필요하다. 연구개발 수행주체들은 몇 가지의 통제 가능한 유형적인 성과로 연구기관 또는 연구사업을 평가하는 것의 불합리성을 평가제도 개선의 핵심 전제사항으로 인식해야 할 것이다. 즉, 미래의 발전적인 연구개발 성과평가 제도는 기존과는 달리 단기적인 산출 중심에서 벗어나 중·장기적인 결과와 영향까지도 연구개발의 정당한 성과로 인정하고 이를 합리적으로 측정·판단하는 방법이 강구되어야 한다.

그러나 이러한 당위성에도 불구하고 평가제도 개선의 1차적인 권한을 가지고 있는 공무원들은 지적자본 등을 반영한 새로운 관점의 평가제도 설계에 소극적인 것으로 나타나고 있다. 통상 이들은 해당 직무에서의 근무기간이 길지 않기 때문에 장기간이 소요되는 제도의 근본적인 혁신보다는 본인 재직 기간 중의 가시적인 실적에 더 많은 관심을 보이기 때문이다.[35] 따라서 연구성과의 내용과 범위를 좀더 합리적으로 확대하고 이를 제도화하는 일은 업무 담당자의 개인적인 노력보

다는 정부 차원의 핵심 업무로서 추진하려는 정책적 의지가 필요하다
할 것이다.

둘째, 연구자들 역시 지금까지 알게 모르게 논문과 특허 등의 1차
산출에 만족하던 관행에서 조속히 탈피해야 할 것이다. 몇몇의 예외적
인 경우를 제외하고는 논문과 특허 등은 좀더 장기적인 연구개발의 2
차 및 3차성과를 발현하기 위한 전제로서 의미가 있는 것이지, 그 자
체가 연구개발의 최종목표 또는 최종 성과가 될 수는 없기 때문이다.
다시 말해 연구자들도 자신들의 1차적인 연구성과가 국가 발전과 국민
복지 증진이라는 좀더 상위 차원의 정책목표 달성에 효율적으로 기여
할 수 있는 후속연구 또는 실용화에 좀더 책임 있는 태도를 가질 필요
가 있는 것이다.

이런 측면에서 연구자들은 자신들이 수행하는 연구개발의 다양한 성
과를 스스로 찾아내고 이의 측정 및 평가방법을 적극적으로 개발하는
노력을 경주할 필요가 있다. 통상적으로 특정 연구성과의 특성과 이를
반영할 수 있는 측정방법은 해당 연구자가 가장 잘 아는 것으로 논의
되기 때문이다.36) 연구자들의 이러한 적극적인 노력은 좀더 높은 타당
성과 적실성을 확보한 평가지표와 평가방법의 개발에 많은 도움이 될
것으로 생각한다.

셋째, 정부와 연구자 모두는 연구기관의 미래 경쟁력의 원천이 무엇
일까 하는 관점에서 평가제도, 좀더 구체적으로는 평가지표의 발전방향
을 논의할 필요가 있다. 그동안 우리나라의 정부출연 연구기관들은 투
입 대비 성과가 높지 못하다는 비판을 지속적으로 받아 왔다. 이의 원
인으로는 여러 가지가 논의될 수 있으나, 변화하는 과학기술 환경에

---

35) 이러한 현상은 필자가 평가제도 개선을 위한 전문가 회의와 연구회의 기
    관평가 위원으로 활동하는 과정에서 수행한 여러 번의 비공식적인 심층면
    접에서 확인할 수 있었다
36) 이러한 주장은 연구개발 평가의 타당성 또는 수용성과 관련하여 현장의
    연구자들이 가장 빈번하게 제기하는 내용 중의 하나이다.

대응할 수 있는 연구자들의 지속적인 역량개발이 뒤따르지 못했으며, 산출된 내부의 연구성과가 외부의 관련 고객집단에게 효율적으로 이전·전파되지 못한 것이 중요한 요인 중의 하나로 거론되고 있다(과학기술정책연구원 외, 2004). 이런 측면에서 조직의 최종 경쟁력은 사람에 달려 있으며, 모든 조직은 다양한 내·외부 이해관계자들의 요구를 반영하여 자신의 비전과 전략을 끊임없이 점검하고 재정립할 필요성을 제기하는 지적자본 이론은(Sveiby, 1997) 정부출연 연구기관의 발전방향 정립에 시사하는 바가 크다 할 것이다. 따라서 평가를 통해 조직의 발전을 도모하고자 하는 새로운 평가제도에서는, 연구기관의 미래 경쟁력 확보에서 인적자본과 관계자본의 중요성을 새롭게 인식하고 관련 내용을 반영할 수 있는 적절한 평가지표의 채택이 필요하다 할 것이다.

넷째, 정부를 비롯한 공공 부문의 연구개발 평가목적이 책임성 확보보다는 정책 및 사업의 개선과 필요지식의 생산이라는 관점으로 수선순위가 전환되어야 한다(이찬구, 2004: 422−423). 과거 또는 현재처럼 연구기관에 대한 평가제도가 책임성 확보 중심으로 운영된다면, 대부분의 연구기관들은 좀 더 가시적이면서도 단기적인 성과산출이 가능한 유형적인 평가지표를 선호하게 될 것이다.[37) 특히, 2006년도처럼 평가대상 기관이 스스로 성과목표와 평가지표를 제시하는 제도 하에서는 이러한 경향이 더욱 강하게 나타날 가능성이 크다 할 것이다. 일반적으로 평가목적에서 책임성의 지나친 강조는 관리와 통제로 이어지게 되고 이는 다시 평가대상 연구기관들에게 평가에 대한 부담으로 작용하여 전략적인 의사결정을 할 가능성이 높아지기 때문이다.

다섯째, 평가결과의 활용이 절대평가적인 관점에서 이루어질 필요가 있다. 2006년도의 연구기관 평가는 과거와는 달리 원칙적으로 제도의 운영방향이 상대평가에서 절대평가로 전환되었다. 그럼에도 불구하고 평가활용에서는 아직까지도 예산의 차등배분, 기관장 연임에의 연계,

---

37) 이는 평가에서의 불이익을 최소화하기 위한 전략의 일환으로서, 연구기관에서 평가업무를 담당하는 직원들과의 면접을 통하여 확인되었다.

성과급의 차등 배분 등과 같은 상대평가적인 활용이 강조되고 있는 실정이다(국가과학기술위원회, 2005: 1). 이처럼 상대평가적인 관점의 평가활용이 강조되면, 연구기관들 간의 부적절한 경쟁이 유발되어 관리가 좀더 용이한 유형성과의 선호로 이어지게 될 것이다. 이러한 현상은 유·무형을 망라한 핵심 지적자본 관리를 통하여 구성원의 학습과 조직의 혁신을 도모하고자 하는 지적자본 경영의 본래 의미를(Sveiby, 1997) 퇴색시키는 요인으로 작용하게 될 것이다.

여섯째, 연구회 등의 정부기관들은 평가지표를 지적자본 관점으로 전환하기 위한 방법의 하나로서 메타평가적 접근방법을 고려할 필요가 있다. 자신들의 미래 경쟁력에 필수적인 지적자본을 찾아내고 이를 측정·관리하기 위한 평가지표를 개발하는 일은 평가기관보다는 평가 대상인 개별 연구기관들이 더 잘할 수 있는 일이기 때문이다. 즉, 평가기관들은 평가 대상기관들에게 통일적인 평가지표를 제공하려고 노력하기보다는, 연구기관들의 성과목표 설정의 합리성, 성과목표와 평가지표 간의 연계성, 평가지표의 내·외적 타당성, 평가자료의 객관성 등을 사후적으로 검증하는 일에 더 많은 역량을 투입함으로써 평가결과의 신뢰성과 수용성을 높이기 위해 노력하는 것이 연구개발 평가의 특성에 부합되는 일이 될 것이다.

Ⅳ 맺음말

이 논문은 우리나라에서 향후 중요한 지식창조 및 공급자 역할을 수행할 것으로 예상되는 정부출연 연구기관에 대한 평가의 패러다임이 전환되어야 한다는 전제 하에서 수행되었다. 이러한 문제의식의 기본적인 이유는, 미래는 지식정보 사회로 전환될 것이라고 모든 사람들이 주장하고 있으나, 미래 사회의 핵심 활동이 될 연구개발의 성과와 결과를 평가하는 방법은 여전히 유형적인 성과 중심으로 이루어지고 있다는 판단에서이다. 즉, 연구개발은 유형적인 성과와 결과뿐만 아니라 많은 무형적인 가치도 산출하고 있는데, 현재는 이를 정확하게 측정하고 판단할 수 있는 평가방법론이 적절하게 개발·적용되지 못하고 있다는 점이다.

이러한 이유로 평가제도가 표면적으로 아무리 바람직한 목적과 방향을 제시한다 해도 실질적인 내용은 평가지표의 구성에 의하여 좌우된다는 인식 하에서, 평가지표의 다양성과 균형성을 분석함으로써 현행 평가제도의 합리성과 적정성을 판단하기 위한 기초자료를 확보하고자 하였다.

연구의 결과는 2006년도의 기관평가 제도가 기본 방향에서는 성과주의적 관점에서의 혁신을 강조하고 있으나, 이의 실행에서 가장 중요한 성과지표의 구성에서는 3개 연구회 모두가 과거보다 더욱더 유형 성과와 구조자본 중심인 것으로 나타났다. 따라서 연구성과 평가법의 기본 취지의 반영 여부 또는 지식사회로의 패러다임 전환이라는 사회변화의 관점에서 판단한다면, 2006년도의 연구기관 평가제도는 과거보다도 더욱 합리적이지 못하다는 분석이 가능할 것이다. 그리고 이러한 분석결과에 근거하여 향후 우리나라의 연구기관 평가제도가 좀더 많은 무형 성과와 지적자본 관점을 포함할 수 있는 합리적인 정책방향을 6가지로 분류하여 시론적으로 논의하였다.

따라서 이 연구결과는 향후 연구성과 평가법의 구체적인 실행단계에서 정부는 물론이고 과학기술계가 함께 유용하게 활용할 수 있는 기초적인 정책자료가 될 것으로 생각한다. 다만, 이 연구결과를 활용하여 연구기관 평가제도의 평가지표를 실제적으로 발전시키는 과정에서는, 지적자본과는 다른 관점에서 평가지표의 발전방안을 논의하고 있는

BSC 또는 신품질 모형 등과의 적절한 통합이 필요할 것으로 생각한다.

마지막으로 이 연구에서 제안하고 있는 연구기관 평가제도를 지적자본 관점으로 발전시키기 위한 정책방향들이 현장에서 정착되기 위해서는, 목표관리, 중장기 발전계획, 정보관리 등의 여러 조직관리 및 발전전략과 연계한 종합적 시각에서의 제도구축 및 운영방안이 마련되어야 할 것이다(강황선, 2005: 31−34). 평가제도는 장·단기적으로 구성원들의 행동양식에 영향을 미치고 이는 다시 조직문화 자체를 변화시키는 변화지향성을 가지고 있어, 종합적인 시각이 결여된 특정한 평가이론만의 부분적인 도입은 과거 사례와 유사하게 또 하나의 바람으로 그칠 가능성이 있기 때문이다.

제5장

과학기술부문 기초연구의 경제적 편익

Ⅰ 서 론

우리는 주위에서 '기초과학이 중요하다' 혹은 '기초연구는 원천기술 확보의 기반이며 산업경쟁력과 국가경쟁력의 토대가 되므로 투자를 확대해야 한다'와 같은 말을 자주 들어오고 있다. 지금까지 국내 대부분의 연구나 정부의 정책보고서는 기초연구를 육성해야 한다는 것을 당위적인 명제로 두고서 기초연구 또는 기초과학의 육성방안이나 정책내용에 초점을 맞추고 있다. 그러나 우리 대부분은 基礎研究가 어떤 편익을 가져오는지, 특히 어느 정도의 經濟的 便益(economic benefit)을 창출하는지에 대해 구체적으로는 알지 못하고 있다.

국내의 관련 문헌들을 조사해 본 결과 기초연구의 경제적 편익에 대한 학계나 정부 등의 관심과 연구가 부족함을 알 수 있었다. 다만 근래에 들어 다른 주제의 연구를 수행하는 과정에서 기초연구의 경제적 편익에 대해 언급하거나,[38] 기초연구투자에 대한 경제적 성과분석이 일부 시도되고 있다.[39]

미국의 경제개발위원회(CED)가 다음과 같이 언급한 것은 기초연구로부터 얻은 경제적 편익을 강조한 것으로 생각된다.

"기초연구 ― 학술기관, 연방연구소, 민간기업 및 비영리 연구기관에서 수행되는 ― 는 미국의 기술적·경제적 리더십에 필수적이라 할 무

---

[38] 민철구 외. (1999). 기초연구예산 투자분석 및 적정규모 산출방안, 과학기술정책관리연구소. pp.17-31.; 오세정 외. (2005). 2만불 시대를 위한 기초연구 진흥정책, 과학기술부. pp.56-72.; 이기종 외. (2005). 기초연구진흥 종합계획 수립 연구. 과학기술부. pp.10-18.

[39] 장진규 외. (2003). 기초과학연구개발투자의 학문적·기술적·경제적 성과 분석. 한국과학재단.; 신태영. (2004a). 기초연구투자의 경제효과 분석: 사전기획연구. 과학기술정책연구원.

수한 실질적인 발명에 지적·기술적 기반을 제공하고 있다. 제약, 국방, 전자, 항공과 같은 다양한 산업들은 정부지원금에 의해 촉진된 기초적인 발견에 의존하고 있다. ……과학 및 공학에서의 기초연구는 미국경제의 성장에 중요한 기여를 해 왔다. 기초연구 투자에 대한 경제적 수익은 매우 높다. 게다가 기초연구 투자로부터 얻어지는 국가이익은 민간기업체가 얻는 것보다 실제적으로 더 높다. 왜냐하면 기초지식의 진보는 장기간에 걸쳐 실질적인 경제적 편익을 주는 가져다주는 기술혁신과정에 광범위하게 전파되고 탐구되는 경향이 있기 때문이다."[40]

기초연구가 많은 혁명적 기술혁신의 기본이 되어 왔다는 것을 증명해 주는 주요한 사례들이 많이 있다. 예를 들면, 레이저, X-레이, 반도체,[41] 전지구 위치파악시스템(Global Positioning System), HIV 질병 및 AIDS 치료, Xerography 그리고 인터넷 등이 있다.[42]

그러나 많은 사람들에게 있어서 기초연구로부터의 경제적 편익은 보건, 교육 또는 사회 간접자본 등과 관련된 공적인 지출에 대한 편익보다 명확하지 않은 것으로 인식된다. 따라서 공적으로 투자된 기초연구에 대한 경제적 편익을 밝히는 것은 의미 있는 일이다.

우리나라에서 현대적인 의미의 기초연구가 시작된 것은 1959년의 원자력원(한국원자력연구원의 전신)의 설립과 1963년부터 문교부가 대

---

40) CED 1998. America's Basic Research: Prosperity Through Discovery. Committee for Economic Development. pp.1-2.

41) 반도체는 1886년 독일 화학자 Clemens Winkler에 의해 발견되었으나 오랫동안 실험실의 흥미로운 발견 정도로 남아 있었다. 제2차세계대전 전에 레이더에 약간의 이용이 있었지만 광범위하게 사용된 것은 1948년 트랜지스터의 등장 이후부터이다. 그 이후로 반도체는 전자공학에서 혁명을 일으켰다. 소형 전자회로는 현재 모든 전기장치 — 소형 라디오, 텔레비전, 전화, 항공기 운항 보조장치, 진단장치 등 — 에 사용되고 있다. 트랜지스터는 Bell 연구소에서 미국인 물리학자들 Walter Brattain, John Bardeen과 William Shockley에 의혜 개발되있나. 트랜지스터가 신공튜브를 대신한 것처럼, 통합회로와 마이크로프로세서는 트랜지스터를 대체하였다(CED, ibid., p.9).

42) CED, ibid., pp.8-9.

학교수들의 연구활동을 지원하기 위해 학술연구조성비를 지급하면서부터라고 할 수 있다. 1977년에는 대학의 기초연구활동을 본격적으로 지원하기 위해 한국과학재단이 설립되었으며, 1988년에는 기초과학 분야의 고가 연구기기에 대한 공동이용을 목적으로 기초과학연구지원센터(현 한국기초과학지원연구원)가 설립되었다. 이어 정부는 1989년을 '기초과학연구진흥의 원년'으로 선언하고 기초과학연구진흥법을 제정함으로써 본격적인 기초과학육성기반 구축에 착수하게 되었다. 1994년 5월에 우리나라 최초의 범부처적인 기초과학진흥계획인 '기초과학진흥종합계획'을 수립하였으며, 2005년 8월에는 '과학기술부문 기초연구진흥종합계획'을 수립하여 시행 중에 있다.

결과적으로, SCI에 등재된 우리나라의 연구논문 수가 1973년에 불과 27편이었고[43] 1990년에는 총 1,784편으로 세계 33위였던[44] 것에 비해 2005년에는 총 23,048편에 세계 14위로 성장하여 격세지감을 느끼게 한다.

최근의 투자액을 살펴보면 우리나라는 2005년도에 정부연구개발예산 67,368억 원 중 21.5%인 14,483억 원을 기초연구에 투자하였으며, 2006년도에는 정부연구개발예산 72,283억 원의 23.7%인 17,131억 원을 기초연구에 투자하였다. 정부는 2007년도부터 정부 R&D 예산 중 기초연구의 비중을 25% 수준으로 유지할 계획이다.

기존의 정부연구개발투자와 연구개발투자에 대한 조세지원제도에 의해 시장실패(market failure)를 어느 정도 보정하고 있기 때문에 정부가 새로운 연구개발프로그램을 기획하고 새로운 투자를 추진할 경우 새로운 프로그램이 없는 경우보다 사회적 수익률이 올라갈 것이라는 것을

---

43) 김인수·이진주. (1982), 기술혁신의 과정과 정책. p.112에서 1973년에 한국인에 의해 발표된 SCI 논문 수를 모두 남한 학자들의 논문이라고 가정한 수치이다.

44) 조성호. (2001), "우리나라 기초과학: 어제와 오늘", http://mulliz.kps.or.kr/~pht/10-10/011040.htm

제시해야 한다.[45] 따라서 정부가 기초연구투자를 확대해 나갈 때 기초
연구투자로부터 얻는 경제적 편익이 무엇인가에 대한 분석은 필수적인
것이다.

　기초연구로부터 얻어지는 편익은 다양하지만 여기서는 사회적, 환경
적 또는 문화적 편익보다는 경제적 편익에 초점을 두고자 한다. 그러
나 경제적 편익과 비경제적 편익 사이에는 경계가 분명하지 않다.[46]
이러한 불확실성 때문에 '경제적'이라는 것을 상당히 넓게 정의하고자
한다. 즉 직접적으로 유용한 지식의 형태로서의 경제적 편익뿐만 아니
라 역량, 기술, 기기, 네트워크 그리고 복잡한 문제를 해결하는 능력과
같은 보다 덜 직접적인 경제적 편익까지 고려하고자 한다.

　이 글은 과학기술부문에서의 기초연구 특히, 公的으로 投資된 基礎
硏究(public funded basic research)로부터의 經濟的 便益에 대해 종합적
으로 고찰하는 데 구체적인 목적을 두고 있다. 참고문헌으로는 Salter
and Martin의 논문[47]을 중심으로 국내외의 논문과 보고서 등을 활용하
였다.

---

45) 신태영, *ibid*., p.22.
46) 예를 들면 어떤 새로운 의술치료가 건강을 향상시키고 특별한 질병에 빼
　　앗겼던(의사들의) 일하는 날을 감소시킨다면 그것은 경제적 편익인가? 사
　　회적인 편익인가?(Salter, A.J., Martin, B. R. 2001. The economic benefits
　　of publicly funded basic research: a critical review. Research Policy 30,
　　509－532. p.510.)
47) Salter and, Martin, *ibid*. 한편, 그들은 문헌검토 과정에서 많은 문헌들이
　　다른 용어, 즉 '과학', '대학연구' 또는 단지 '연구'와 같은 용어를 사용하
　　고 있고, 그것들이 '기초연구'와 상당히 부분적으로 겹치지만 아주 동일한
　　것으로 분류되지는 않는다고 말한다. 따라서 '기초연구'라는 용어로 모든
　　것을 고치는 것은 그들의 주장과 결론을 왜곡할 위험이 있기 때문에 저자
　　들에 의해 채택된 용어를 그대로 사용했다고 명시하고 있다(p.510.).

 Ⅱ 기본적인 개념과 방법론 개관

1. 기초연구의 개념

OECD의 Frascati Manual은 연구개발의 단계를 기초연구(basic research), 응용연구(applied research), 실험적 개발(experimental development)로 구분한다.48) 기초연구는 "어떤 특별한 응용이나 사용에 대해 고려하지 않고, 현상이나 관찰 가능한 사실의 토대에 대한 새로운 지식을 획득하기 위해 주로 수행되는 실험적 혹은 이론적인 작업"으로 정의된다. 한편 기초연구는 종종 연구목적과 방향이 정해지기도 하는데 이러한 관점에서 OECD는 기초연구를 순수기초연구(pure basic research)와 목적기초연구(oriented basic research)로 구분하고 있다. 순수기초연구는 "장기적인 경제적·사회적 편익에 대한 추구 없이, 연구결과를 실제적인 문제에 적용하거나 연구결과를 응용에 관련이 있는 영역으로 이전하려는 어떤 노력 없이 지식의 진보를 위해 수행되는 연구"로 정의하며, 목적기초연구는 "인지되고 예상되는, 현재 또는 미래의 문제나 가능성에 대한 해결책의 바탕을 형성할 것 같은 지식의 넓은 기반을 생산할 것이라는 기대를 가지고 수행되는 연구"로 정의된다.49) 이 글에서의 기초연구는 순수기초연구와 목적기초연구를 포함하는 넓은 의미

---

48) 최근의 연구자들은 대부분 연구개발과정이 선형모형과 같은 순차적인 형태가 아니라, 상호작용을 하면서 얽혀 있는 복잡한 과정인 것으로 이해하는 경향이 있다. 그러나 3단계로 구분하는 방식은 그 단순성과 편리성 때문에 광범위하게 사용되고 있고 앞으로도 상당 기간 지속될 것으로 보인다(민철구 외, *ibid.*, p.14.). Tait and Williams(1999: 101)도 기술혁신의 선형모델은 비판에도 불구하고 여전히 연구·기술개발정책에 중요한 운전사(driver)라고 비유하고 있다.

49) OECD. 2002. Frascati Manual. p.30., p.78.

의 기초연구를 의미한다.

여기서 기초과학(basic science 혹은 fundamental science)의 개념도 정의해 둘 필요가 있는데, 기초과학은 수학, 물리, 화학, 생물 등 자연계의 기본원리를 탐구하는 학문을 지칭하는 것이다. 즉 응용과학의 기초가 되는 과학을 의미한다. 따라서 기초과학이나 기초기술에 대한 연구는 기초연구의 본질에 가장 근접한다고 볼 수 있다.[50]

2. 공적으로 투자된 기초연구의 경제학

공적으로 투자된 기초연구의 편익을 사정하는 데 있어서 많은 문제는 그러한 편익을 평가하는 데 사용된 모델의 한계로부터 유래한다. 공적으로 투자된 연구(publicly funding for research)에 대한 전통적인 정당화는 바로 정부의 활동은 '시장실패'를 바로잡기 위해 봉사된다는 것이다. 신고전주의 경제이론에 뿌리를 두고 있는 시장실패의 개념은 순수한 시장관계가 최적의 상태를 산출할 것이고 정부정책은 시장실패가 나타나는 상황을 시정하는 데 한정되어야 한다는 가정에 근거하고 있다.[51] Metcalfe가 주목하듯이, 다음과 같은 것이 과학정책결정자들을 주춤하게 하는 일이다.

"불확실한 세계에서 우발적인 요구에 대한 미래의 시장(future markets)은 개인들이 최적의 방식으로 위험을 교환하고 적절한 한계조건을 지지하는 가격을 확립하도록 어떤 점에서도 충분하게는 존재하지 않는다. 적절한 가격구조가 없기 때문에 왜곡이 많고, 그런 왜곡을 확인하고 정정하는 것이 정책문제(policy problem)이다. 그러나 혁신과정은 불확실성

---

50) 이원영. (2002). 기초연구 지원정책의 방향. 과학기술정책연구원. pp.1-2.
51) Salter and Martin, *ibid.*, p.511.

에 의해 만들어지고 영향을 받고 있으며, 이러한 시장실패의 측면은 특히 발명과 혁신으로의 자원의 파레토 효율배분 가능성을 손상시키고 있다. ……그래서 혁신과 파레토 최적(Pareto optimality)은 원천적으로 공존할 수 없는 것이다."[52]

Metcalfe는 정부의 기초연구에 대한 투자를 정당화하기 위한 대안으로서 '진화론적인 접근(evolutionary approach)'을 제안했다.[53] 기술혁신 시스템의 공적 차원과 사적 차원 모두에 초점을 두는 진화론에 의해 제공되는 보다 넓은 시각은 보다 유망한 접근법을 제공하는 것으로 보인다.[54]

공적으로 투자된 연구의 경제학에 대한 전통적인 '시장실패' 접근은 경제활동에서 정보(information)의 중요한 역할을 중심으로 한다. Arrow의 연구를 인용하면 그것은 과학적인 지식의 정보적 특성을 강조한다. 동시에 그는 이러한 지식의 비경합성(non-rival)과 비배제성(non-excludable)을 주장한다. 비경합성은 다른 사람이 생산자의 지식을 감소시키는 것 없이 지식을 사용할 수 있는 것을 의미하고, 비배제성은 다른 기업이 정보를 사용하는 것을 중단시킬 수 없는 것을 가리킨다.[55]

그래서 정부가 투자한 연구로부터의 주요 산물은 경제적으로 유용한 정보이고, 모든 기업이 자유롭게 이용가능한 것으로 보인다. 이런 맥락에서 과학적인 지식은 공공재(public good)로 보인다. 기초연구를 위한 자금을 증가시킴으로써 정부는 경제적으로 유용한 정보의 풀(pool)을

---

52) Metcalfe, J.S., 1995. The economic foundations of technology policy: equilibrium and evolutionary perspective. in: stoneman, P. (ed.), Handbook of Industrial Innovation. Blackwell, London. p.4.

53) Metcalfe, *ibid.*, p.6.

54) Nelson, R.R., 1995. Why should managers be thinking about technology policy. Strategic Management Journal 16(8), 581-588.

55) Arrow, K., 1962. Economic Welfare and the allocation of resources for invention. In: Nelson, R. (ed.), The rate and Direction of inventive Activities. Princeton Univ. Press, Princeton, pp.609-625.

확대시킬 수 있다. 정부의 투자를 통해 새롭고 경제적으로 유용한 정보가 만들어지고 이러한 정보의 배분은 과학에서의 공표(public closure)라는 전통을 통해 향상된다.

오늘날 순수한 정보적 접근법을 지지하는 경제학자는 상대적으로 거의 없다. 그러나 공적으로 투자된 연구와 경제성장 간의 관계에 관한 몇몇 경제적인 저술에서 기초연구의 정보적 특성에 관한 가정이 남아 있다. 예를 들면 Adams는 학술저널에서의 논문과 과학자의 고용을 살펴봄으로써 지식의 축적에 대한 산업측정의 시리즈를 개발했다. 그는 과학적 출판, 즉 지식축적량(the knowledge stock)과 생산성 성장 간의 20∼30년간의 지체(lag)를 발견했다. 그는 과학자의 생산성 하락과 차후의 지식축적량(논문수로 측정된)의 감퇴가 제2차세계대전과 관계된다고 시사했으며, 1970년대의 경제적 경기후퇴의 15%가 이러한 지식축적량에서의 감소에 의해 설명될 수 있다고 고찰했다.[56]

진화론적 접근은 지식에 대한 정보적 시각이 실질적으로 특정한 연구자들에게 체화된 지식과 그들이 그 내부에서 연구를 수행하는 기관네트워크의 정보를 과소평가하고 있다고 시사한다. 정보적 시각은 또한 과학적인 지식이 "선반 위에 있어서, 보는 사람이 비용을 들이지 않고 이용할 수 있다"라고 암시하면서 기술혁신과정의 본질을 잘못 전하고 있다.

그래서 Callon은 과학연구는 그것을 이해하기 위해 요구되는 투자 때문에 공공재가 아니라고 주장한다. 과학적인 지식은 모든 사람에게 공짜로 이용가능한 것이 아니라, 단지 정확한 교육적 배경을 가지고 있는 사람들 그리고 과학적·기술적 네트워크의 회원들만 이용가능하다. 정보적인 시각은 과학적 또는 기술적인 지식이 이용자의 입장에서 어느 정도의 실질적인 능력을 요구하는지 평가하지 못하고 있다.

Cohen and Levinthal은 기업의 내부 R&D 노력은 두 가지 얼굴을 가진 것으로 특징지을 수 있다고 시사했다. 즉 그들의 R&D는 기업이 새

---

56) Adams, J., 1990. Fundamental stocks of knowledge and productivity growth. Journal of Political Economy 98, 673－702.

로운 지식을 창조하고, 외부의 지식을 흡수하고 이용하는 능력을 향상시킨다는 것이다. 그들은 두 번째의 특징을 기업의 흡수능력(absorptive capacity)이라고 부른다.[57]

진화론적인 경제학에 기반을 둔 보다 새로운 접근법은 두 종류의 연구를 산출했다.[58] 첫째는 오래된 접근법의 한계에도 불구하고 공적으로 투자된 연구는 정보를 산출하는 것으로서 여전히 유용하게 보일 수 있다고 가정한다. 예를 들면 Dasgupta and David은 과학의 정보적 특성을 공적으로 투자된 기초연구의 편익을 연구하는 강력한 분석도구로 간주한다. 그들은 정책결정자들이 전자도서관과 같은 새로운 정보자원을 통하여 기술혁신시스템의 분배력(distribution power)을 확대하는 데 초점을 맞출 것을 요구한다.[59]

둘째는 위에서 기술한 정보시각에 의해 쉽게 획득되지 않는 지식의 특성에 초점을 둔다. 여기에 영향력 있는 학자는 Rosenberg와 Pavitt이며 그들은 과학적·기술적 지식은 종종 암묵적인 것으로 남아 있다 — 즉 사람들은 그들이 말하는 것보다 더 많이 알지도 모른다 — 고 강조한다.[60] 게다가 암묵지의 개발은 경험 그리고 종종 몇 년에 걸친 노력을 통해 축적된 기술에 기반을 둔 다방면에 걸친 학습과정을 요구한다. 이러한 시각은 개인과 조직의 학습특성을 강조한다. 이 접근법에서 결정적으로 중요한 것은 기술, 연구자들의 네트워크 그리고 기술혁신시스템에서 행위자와 기관의 새로운 역량개발이다. 우리가 여기서 따르는

---

57) Cohen, W., Levinthal, D., 1989. Innovation and learning: the two faces of R&D. Economic Journal 99, 569−596.

58) Salter and Martin, *ibid.*, p.512.

59) Dasgupta, P., David, P., 1994. Towards a new economics of science. Research Policy 23, 487−521.

60) Rosenberg, N., 1990. Why do firms do basic research(with their own money)? Research Policy 19, 165−174.; Pavitt, K., 1991. What makes basic research economically useful? Research Policy 20, 109−119.; Pavitt, K., 1998. The social shaping of the national science base. Research Policy 27, 793−805.

접근법은 두 번째 연구에 더 많이 의존하고 있다.

3. 방법론적인 접근법

공적으로 투자된 과학연구의 편익에 대한 연구는 지금까지 세 가지의 주요한 방법론적인 접근법을 채택해 왔다.[61] 즉 ① 계량경제학적 연구(econometric study), ② 서베이(survey), ③ 사례연구(case study)이다. 계량경제학적 연구는 넓은 범위의 패턴에 초점을 두며, 국가와 지역에서 통계적인 규칙성의 집합된 그림을 보여주고 연구와 개발에 대한 수익률을 평가하는 데 효과적이다. 그러나 계량경제학적인 접근은 기술혁신의 본질에 관하여 단순하고 종종 비현적인 가정을 포함하기 때문에 그 연구결과는 오해될 수 있다.

서베이는 정부가 투자한 연구가 기업을 위해 혁신적인 아이디어의 원천을 구성하는 정도를 분석하면서 생산적인 연구 분야를 열었다. 서베이는 다른 산업들이 어떻게 공적으로 투자된 연구의 공급에 의존하고 있는지를 소사했다. 그러나 서베이에도 한계가 있다. 특히 기업의 응답자들은 자신의 회사의 내부활동에 대해 편견을 가지고 있을지도 모르며, 그들의 영역과 기술에 대해 다소 제한된 지식을 가지고 있을지도 모르기 때문이다.

사례연구는 기술혁신과정과 특정한 기술의 역사적인 뿌리를 직접적으로 조사하는 최상의 도구를 제공한다.[62] 그것은 일반적으로 계량경제학적 연구와 서베이로부터의 주요한 연구결과를 지원하는 역할을 한다. 그러나 사례연구는 수행하기에 비용이 많이 들고 분석하는 데 많은 시간이 소요되며, 단지 사실에 대한 좁은 그림만을 보여줄 뿐이다.

---

61) Salter and Martin, *ibid.*, p.513.
62) Freeman, C., 1984. The Economics of Industrial Innovation. Pinter, London.

 Ⅲ 공적으로 투자된 연구와 경제성장 간의 관계

계량경제학자들은 일반적으로 기술혁신이 원인이 되는 그리고 특히 연구에 의해 원인이 되는 경제성장의 부분을 계산하기 위해 노력해 왔다. 기술의 역할을 평가하려는 노력은 경제발전에 대한 생산요인의 공헌을 분석하는 성장회계(growth accounting)기법을 채택해 왔다. 대부분의 성장모델은 자본에 의한 노동의 대체에 초점을 둔다. 즉 고정자본투자에 의해서 노동의 안정적인 대체를 통하여 생산성 성장이 일어남을 시사한다. 초기의 성장모델은 기술에 대해 극소수만이 언급했다.[63]

Solow[64]와 다른 개척자들은 어떤 설명할 수 없는 것으로서—노동과 자본투자에 의해 설명될 수 없는 성장의 부분으로서—기술적인 변화를 크게 다루었다. 아울러 성장이론에서 보다 새로운 모델들은 더욱 직접적으로 기술을 고려하는 시도를 해 왔다. 대표적으로는 Romer의 기여가 있다.[65] 그러나 이들 모델은 기술을 다루는 데 다소 극단적으로 단순화된 것으로 남아 있다. 그 모델들은 결론에 있어서는 다양하지만 모두가 경제발전에 있어서 기술이 핵심적인 역할을 수행하고 있음을 시사한다.[66]

공적으로 투자된 기초연구에 의해 얻어지는 편익에 대한 신뢰할 수

---

63) Salter and Martin, *ibid.*, p.513.
64) Solow, R.M., 1957. Technical change and the aggregate production function. Review of Economics and Statistics 39, 312−320.
65) Romer, P.M., 1990. Endogenous technological change. Journal of Political Economy 98(5), s71−s102.
66) Lucas, R.E., 1988. On the mechanics of economic development. journal of monetary Economics 22(1), 3−42.; Romer, P.M., 1994. The origins of endogenous growth. Journal of Economic Perspectives 8(1), 3−22.; Aghion, P., Howitt, P., 1995. Research and development in the growth process. Journal of Economic Growth 1(1), 49−73.

있는 지표는 아직 개발되지 않았다. 그러나 대학의 R&D 또는 공적으로 투자된 R&D의 경제적 영향을 측정하기 위한 몇몇 시도들이 있었다.[67] 이러한 연구들은 경제성장에 대한 대학연구(academic research)의 크고 양성적인(positive) 기여를 보여준다. 그러나 Griliches가 강조했듯이 기술변화와 경제성장과의 관계는 경제적인 연구에서 의문의 여지가 있는 것으로 남아 있다.[68]

Nelson이 지적했듯이 이들 모델들은 공적으로 투자된 기초연구와 경제적 성과 간의 연계를 직접적인 방식으로 설명하지 않고 있다. 즉 그들은 그것들을 연계시키는 과정에 대한 분석 없이 투입(논문과 같은 것)과 산출(기업의 판매고)을 단순하게 본다.[69] Nelson은 새로운 성장이론 모델은 불균형 과정(dis-equilibrium process)으로서 기술적인 진보를 다루어야 한다는 것을 시사한다. 기술혁신에 대한 더 큰 전유(專有, appreciation)를 얻기 위해서 이들 모델들은 기업의 이론을 통합해야 한다—기업 간의 차이 그리고 기업들 사이의 능력 차이를 포함하여—. 새로운 성장모델은 또한 경제발전을 지원하는 데 있어서 대학과 같은 기관들의 역할을 고려할 필요가 있다.[70]

참고로 신태영은 한국의 정세성장에 대한 연구개발투자(정부부문과 민간부문을 합한 총투자)의 기여도를 분석하였다. 국민경제차원에서의 생산함수 추정을 바탕으로 분석한 결과 1981년~2002년 동안의 GDP성장에 대한 연구개발의 기여도는 28.1%였다. 90년대 이후 2002년까지 연구개발의 기여도는 28.4%로 80년대의 기여도 27.6%보다도 약간 높았

---

67) Bergman, E.M., 1990. The economic impact of industry-funded university R&D. Research Policy 19, 340-355.; Martin, F., 1998. The economic impact of canadian university R&D. Research Policy 27, 677-687.

68) Griliches, Z., 1995. R&D and productivity. In: stoneman, P. (ed.), Handbook of Industrial innovation. Blackwell, London, pp.52-89.

69) Nelson, R.R., 1982. The role of knowledge in R&D efficiency. Quarterly Journal of Economics 97, 453-470.

70) Nelson, R.R. 1998. The agenda for growth theory: a different point of view. cambridge Journal of Economics 22(4), 497-520.

다. 90년대 이후 외환위기 이전까지 연구개발의 기여도는 27.6%였으나, 외환위기 이후 2002년까지 연구개발의 기여도는 16.9%로 낮아졌다.[71]

최근에 과학기술부가 발표한 과학기술정책연구원의 연구결과에 따르면 1971년부터 2004년까지 우리나라 R&D 투자의 경제성장 기여도는 30.6%로 일본(48.8%)보다 낮지만 미국(20.8%), 캐나다(16.0%), 이탈리아(24.3%)보다는 높은 것으로 나타났다. 그리고 R&D 투자효율성은 R&D 투자가 1% 증가할 때 총 요소생산성이 0.182% 증가하는 것으로 나타나 미국(0.220), 일본(0.288)보다는 낮지만 캐나다(0.116), 이탈리아(0.147)보다는 높았다.[72]

1. 기초연구 투자에 대한 사회적 수익률

연구수익률에 대한 연구는 두 가지 형태가 있다. 하나는 개별 연구 프로젝트로부터 직접적으로 포함된 기관으로 흘러가는 연구투자에 대한 수익, 즉 사적인 수익률(the private rates of return)에 초점을 둔다. 다른 하나는 전체 사회에 생기는 편익, 즉 사회적 수익률(the social rates of return)을 조사하는 것이다.

둘 사이의 차이는 특정한 연구 프로젝트의 편익이(또는 기업에 기반을 둔 기술혁신조차도) 일반적으로 한 기업에만 전적으로 생기지 않기 때문에 발생한다. 기초연구의 과학적인 편익은 한 개의 기업 이상에 의해—예를 들면 독창적인 연구의 비용을 부담하지 않고 신제품을 복제하는 모방자들에 의해—전유될지도 모른다. 공적으로 투자된 프로젝트는 신기술이나 신제품 개발의 비용을 낮춤으로써 보다 넓은 사회적

---

71) 신태영.(2004b). 연구개발투자의 경제성장에 대한 기여도. 과학기술정책연구원.
72) 과학기술부.(2007). '연구개발투자의 경제성장 기여도가 크게 상승'. 보도자료(2007.2.15.).

편익을 창출한다.

<표 1>이 보여주듯이 사적으로 투자된 R&D에 대한 사적·사회적 수익률 평가는 크다. 그들 대부분은 범위가 20%에서 50% 사이에 위치한다.

보다 일반적으로, R&D 지출은 기술혁신을 산출하는 활동에서 사회가 투자하는 단지 작은 부분이다. 기술혁신의 많은 과정은 기업 내에서 '지저분하고 범속한(grubby and pedestrian)' 점증적인 과정을 포함하고, 그것은 R&D를 위한 수치에 의해 표현되지 않는다.[73] 실제로 Dennison은 R&D가 모든 기술진보의 단 20%만 설명한다고 시사했다.[74]

〈표 1〉 사적인 R&D지출에 대한 사회적 수익률 평가

연 구	사적 수익률(%)	사회적 수익률(%)
Minnasian(1962)	25	–
Nadiri(1993)	20 – 30	50
Mansfield(1977)	25	56
Terleckyj(1974)	27	48 – 78
Sveikauskas(1981)	10 – 23	50
Goto and Suzuki(1989)	26	80
Mohnen and Lepine(1988)	56	28
Bernstein and Nadiri(1988)	9 – 27	10 – 160
Scherer(1982, 1984)	29 – 43	64 – 147
Bernstein and Nadiri(1991)	14 – 28	20 – 110

자료: Griliches, *ibid.*, p.72(Salter and Martin, *ibid.*, p.514에서 재인용).

최근까지 공적으로 투자된 연구개발에 대한 수익률을 측정하려는 극소수의 시도가 있었다. 이들 대부분은 기초연구보다는 오히려 정부의 R&D 프로젝트에 초점을 맞추었고, 그것들은 매우 성공적이지도 설득력이 있지도 않았다.[75] 그럼에도 불구하고 수집된 제한적인 증거들은

---

73) Rosenberg, N., 1982. Inside the Black Box: Technology and Economics. Cambridge Univ. Press, Cambridge. p.12.
74) Dennison, E., 1985. Accounting for Growth. Harvard Univ. Press, Cambridge.

공적으로 투자된 기초연구가 아마 사적인 R&D에 대한 사회적인 수익률보다 작기는 하지만 큰 양성적인 이익을 가지는 것을 가리키고 있다. <표2>에 인용된 연구들은 정부의 비교적 성공적인 R&D 프로그램에 초점을 둔 수익률 평가이다.

〈표 2〉 공적으로 투자된 R&D에 대한 수익률 평가

연 구	주 제	공적인 R&D에 대한 수익률(%)
Griliches(1958)	교배종 옥수수	20 – 40
Peterson(1967)	가금(poultry)	21 – 25
Schmitz – Seckler(1970)	토마토 수확기	37 – 46
Griliches(1968)	농업연구	35 – 40
Evenson(1968)	농업연구	28 – 47
Davis(1979)	농업연구	37
Evenson(1979)	농업연구	45
Davis and Peterson(1981)	농업연구	37
Huffman and Evenson(1993)	농업연구	43 – 67

자료: Griliches, *ibid.* and OTA, *ibid.*(Salter and Martin, *ibid.*, p.515에서 재인용)
주: 이들 연구의 많은 저자들이 획득된 수치 결과의 신뢰성에 대해 경고한다.

특정한 프로젝트의 편익을 추적하는 것은 그 기술을 시장에 가져오기 위해 필요로 했던 보완적 자산에 대한 투자를 고려하지 않는다.[76] 결과적으로 연구투자에서 유래하는 수익은 기술개발의 실제비용을 과소평가할지도 모른다. 정부가 투자한 기초연구에 대한 사회적 수익률의 지표로서 산업수준의 생산성 증가율을 사용하는 것 또한 문제가 된다. 이 방법에 기초한 연구들이 영역수준에서 생산성 증가에 대한 정부가 투자한 기초연구의 통계적으로 중요한 영향을 설명하고 있기는 하지만

---

75) OTA, 1986. Research funding as an investment: can we measure the returns? A technical memorendom, Office of Technology Assessment, US Government Printing Office, Washington, DC.

76) Teece, D., 1986. Profiting from technological innovation: implications for integration, collaboration, licensing and public policy. Research Policy 15, 285 – 305.

거의 산업 간 차이를 통제하지 못한다. "게다가 그것들은 어떻게 기초연구의 경제적 수익이 실현되는지 드러내지 못한다."[77]

위와 같은 문제점에도 불구하고 Mansfield et. al.은 기초연구의 편익을 측정하는 데 실질적인 진보를 이루어냈다. 그는 '최근의' 대학연구에 초점을 두었다. 그것은 고려대상이 되는 15년 내의 기술혁신에 대한 연구이다. 일곱 가지 산업에서 76개의 미국 기업에 대한 표본을 사용하여 10년 동안의 기업의 제품과 공정에서 어떤 부분이 대학연구가 없었다면 개발될 수 없었을지도 모르는 것에 대해 기업의 R&D 관리자들로부터의 평가를 얻었다. 그는 대학연구가 없었다면 실질적인 지연 없이 신제품의 11%와 신공정의 9%가 개발될 수 없었을 것이라는 것을 알아냈다. 또한 이것들은 각각 신제품 판매고의 3%와 신공정 판매고의 1%의 원인이 된다는 것을 찾아냈다. 그는 또한 그 이전의 15년 동안 대학연구로부터 실질적인 도움을 받아 개발된 그들의 제품과 공정을 측정해 본 결과 신제품 판매고의 2.1%와 신공정 판매고의 1.6%는 대학연구가 없었다면 개발되지 못했을 것이라는 것을 알아냈다. 그는 이 수치들을 사용하여 대학연구로부터의 수익률이 28%가 된다고 평가했다.[78]

1998년에 Mansfield는 후속연구의 결과를 발표했다. 그는 대학의 연구가 산업적인 활동에 점점 중요해지고 있다는 것을 밝혀냈다. 70개 기업에 대한 두 번째 서베이를 근거로 신제품의 15%와 신공정의 11%는 대학연구가 없었다면(실질적인 지연 없이) 개발될 수 없었을지 모른다고 평가한다. 총계로, 대학연구 없이 개발될 수 없었을지도 모르는 기술혁신은 기업 총판매고의 5%를 설명한다. 그의 두 번째 연구는 또한 대학연구로부터 산업적인 실행까지의 시간 지연은 7년에서 6년으로

---

77) David, P., Mowery, D., Steinmueller, W.E., 1992. Analysing the economic payoffs from basic research. Ecnomics, Innovation and New Technology 2, 73 90. p.79.

78) Mansfield, E. et al., 1991. Academic research and industrial innovation. Research Policy 20, 1－12.

단축되어 왔다고 시사한다. 그러나 그는 이 연구에서 대학연구의 수익률 평가를 시도하지 않았다. 그는 대학연구와 산업적 실행 간의 증가하는 연계는 대학의 연구가보다 응용적이고 단기간의 작업으로 이동하고, 대학이 보다 산업과 밀착해서 일하는 증가하는 노력의 결과일지 모른다고 시사했다.[79]

Mansfield는 이 접근법의 한계를 인식했다. 시간상의 지체(15년)가 짧다는 것, 미국 외부에 있는 기업들에는 편익이 생기지 않는다고 가정하는 것, 훈련된 연구자와 같은 연구로부터의 간접적인 편익이 없다고 가정하는 것, 평가가 대기업 관리자들의 선택에 의존하는 점 그리고 그들이 상업화의 총비용을 고려하지 못하고 있는 것 등이다.[80]

게다가 이 접근법은 한계수익률(the marginal rate of return)이 아니라 평균수익률(the average rate of return)만을 산출한다. 그래서 그것은 부가적인 연구투자의 한계적 편익에 대해 정책결정자들에게 정보를 제공할 수 없다.[81] 만일 그 편익이 아주 크다면 왜 정부와 기업은 연구에 더 많은 투자를 하지 않는가? 투자가 부족한 것은 R&D의 위험성과 관련될지도 모른다.[82]

Baise and Stahl은 독일에서 2,300개의 제조기업에 대한 표본을 가지고 Mansfield의 서베이를 되풀이 했다. 그들은 신제품 판매고의 약 5%가 대학연구 없이는 개발될 수 없었을 것이라는 것을 알아냈다. 또한 대학연구가 신공정보다는 신제품에 더 큰 영향을 미치며, 소기업(small firm)은 대기업보다 대학으로부터 보다 적게 얻어 내는 것 같다는 것을

---

79) Mansfield, E., 1998. Academic research and industrial innovation: an update of empirical findings. Research Policy 26, 773－776.

80) CBO, 1993. A Review of Edwin Mansfield's Estimate of the Rate of Return from Academic Research and its Relevance to the Federal Budget Process. CBO Staff Memorandum, April, pp.1－26, Congressional Budget Office, Washington, DC. p.15.

81) OTA, *ibid*., p.4.: David et al., *ibid*., p.79.

82) Salter and Martin, *ibid*., p.516.

보여주었다.[83] 이 연구는 Mansfield와는 달리 산업적인 기술혁신에 대한 대학연구의 중요성에서 영역별 차이를 고려하지 않았다.

Narin et al.은 미국특허에서 인용된 과학출판물들을 분석하는 데 근거하여 공적으로 투자된 연구의 편익을 평가하는 새로운 접근법을 개발했다. 1989년~1994년 사이에 등록된 40만 개의 미국특허의 앞 페이지를 조사하여 이들 특허에 수록된 43만 개의 특허 없는 인용들을 추적했다. 그중에서 175,000개가 SCI에 속하는 4,000종의 저널에 출판된 논문들이었다. 적어도 1명의 미국인 저자를 가진 42,000편의 논문에 대해 그 논문들이 감사를 표하고 있는 미국과 외국의 연구지원의 원천을 조사했다. 특허에서 인용된 과학적 참고자료의 증가하는 수치에 대한 그들의 연구결과는 6년간 미국의 과학에서 미국의 기업으로 지식의 유입이 3배가 되고 있다는 것을 시사한다. 미국의 관청들은 특허에서 인용된 연구에 대한 투자의 원천으로서 자주 등재되었다.[84]

이 연구의 방법론적인 한계는 특허출원자에 의해 만들어진 과학문헌 인용보다는 특허심사관에 의해 만들어진 것에 초점을 맞추고 있다는 점이다. 또한 미국 특허에서 과학적인 인용의 3배 증가는 과학적인 인용을 증가시키려는 미국특허청의 정책, 특허법의 변화 또는 단순하게는 주세에 의해 학술논문을 리스팅하는 새로운 CD-ROM으로부터의 관련 데이터 이용가능성을 부분적으로 반영한다.[85]

기초연구에 대한 경제적 편익을 측정하는 것은 산업별 차이에 의해 달라지고 복잡하게 된다. Marsili에 의해 개발된 요약표는 대학연구와 산업적인 기술혁신 간의 관계에서 산업 간의 차이와 그 내부에서의 패턴을 설명한다.[86] <표 3>은 유럽 산업계의 관리자들, 미국 R&D 데이

---

83) Beise, M., Stahl, H., 1999. Public research and industrial innovations in Germany. Research Policy 28, 397-422.

84) Narin, F., Hamilton, K., Olivastro, D., 1997. The linkages between US technology and public science. Research Policy 26, 317-330.

85) Salter and Martin, *ibid.*, p.516.

86) Marsili, O., 1999. The anatomy and evolution of industries: technical change

터, 여러 산업에서의 고용패턴 그리고 특허인용에 대한 PACE 서베이의 통계적인 분석에 근거한다.[87] PACE 서베이를 사용하여 Marsili는 각 영역에서 기술혁신에 대한 대학연구의 기여 — 매우 높음부터 낮음까지 — 에 의해 산업을 분류하였다.

그는 또한 각 산업의 지식기반에서 성문화 정도를 분석하였다. 성문화의 측정도구로서 특허에 인용된 학술논문의 수를 사용하였으며, 그 결과는 기업과 산업이 이질적인(heterogeneous) 방식으로 공적으로 투자된 과학으로부터 끌어내고 있다는 것을 가리킨다. 몇몇 영역에서의 연계는 아주 직접적이다 — 특허에서 과학논문에 대한 수많은 인용과 과학연구에서의 밀접한 관심을 가지고 —. 자동차와 같은 다른 영역에서는 공적인 기반으로부터 간접적으로 — 대개는 기업이 기술적인 도전을 극복하도록 돕는 학생들의 유입을 통하여 — 끌어낸다. 개별적인 영역에서 편익을 끌어내는 이러한 차이는 정부가 투자한 기초연구의 편익을 단순하게 계산하려는 어떤 시도도 오해가 될 것 같다는 것을 시사한다.

〈표 3〉 각 산업별 대학연구의 역할

대학연구의 기여	개발활동 공학 분야(주로 암묵적인)	연구에 기반을 둔 활동 기초·응용과학 (주로 성문화된)
매우 높음 높음	컴퓨터 항공우주 자동차 통신과 전자공학 전기장비	제약 석유 화학제품 식품

---

and industrial dynamics. doctoral thesis, SPRU, University of Sussex, Brighton.

87) Arundel, A., Van de Paal, G., Soete, L., 1995. PACE Report: Innovation Strategies of Europe's Largest Firms: Results of the PACE Survey for Information Sources, Public Research, Protection of Innovations, and Government Programmmes. Final Report, MERIT, University of Limburg, Maastricht.

대학연구의 기여	개발활동 공학 분야(주로 암묵적인)	연구에 기반을 둔 활동 기초·응용과학 (주로 성문화된)
중간	설비 비전기적인 기계장치	기초금속 빌딩재료
낮음	금속제품 고무와 플라스틱 제품	섬유 종이
관련되는 과학 분야	수학, 컴퓨터과학, 기계와 전기공학	생물학, 화학, 화학공학

자료: Masili, *ibid.*(Salter and Martin, *ibid.*, p.517에서 재인용)
주: 물리학은 연구와 개발활동에서 모두 중요하다. 통계적인 분석에서 물리학은 두 그룹 사이에서 구분하는 것이 크게 중요하지 않았다. 그래서 이 표에 포함되지 않았다.

Meyer-Krahmer and Schmoch는 유럽특허청의 데이터와 산업계와의 연계에 대한 대학의 서베이를 사용하여 대학과 산업계 간에 두 가지 방식의 상호작용이 있다는 것을 보여준다. 협력연구(collaborative research)와 비공식적 접촉(informal contact)은 대학과 산업계 간의 상호작용의 가장 중요한 방식들이다. 대학연구자들은 산업계의 투자를 통해 자금, 지식 그리고 신축성을 얻는다. 대개 항상 지식과 비공식적인 토의의 양 방향의 흐름을 포함하는 대학과 산입세 간의 협력연구는 접촉을 위해 출판물(publications)을 선호한다. 대학-산업계의 상호작용의 강점은 산업계의 흡수능력과 기술혁신시스템에 의존한다.[88] 그들의 연구결과는 자동차와 같은 영역에서는 공적으로 투자된 연구로부터 어느 정도의 편익을 얻었는지 측정하기가 거의 불가능하다는 것을 보여준다. 단지 제약업과 같이 그 연계가 직접적이고 종종 가시적인 분야에서는 약간의 측정이 가능할지 모른다.

장진규 외는 우리나라 기초과학연구개발투자의 경제적 성과를 분석하였다. 그는 기초과학연구개발투자의 GDP성장기여도를 추정하기 위해 Cobb-Douglas 생산함수에서 변형된 식을 사용하였다. 그 결과

---

88) Meyer-Krahmer, F., Schmoch, U., 1998. Science-based technologies: university-industry interactions in four fields. Research Policy 27, 835-851.

1988~2001년 동안 연구개발스톡의 對GDP 성장율 기여도는 58.4%였으며, 이 중에서 기초부문 연구개발스톡 기여도는 8.1%, 응용 및 개발부문 연구개발스톡의 기여도는 50.3%였다.[89]

신태영은 1983~2002년 우리나라 기초연구투자의 경제효과를 간단한 계량경제모형을 이용하여 추계하였다. 그는 정부의 기초연구투자가 기업의 연구개발투자를 자극할 것이라는 가설을 세우고, 이를 행태방정식과 동태모형을 통해 정부의 기초연구투자가 기업의 연구개발투자에 미치는 영향을 실증적으로 분석한 다음, 이 결과와 제조업 수준에서 기업 연구개발투자의 수익률을 결합하여 정부의 기초연구투자의 경제적 효과를 제조업 부가가치 생산액 기준으로 추계하였다. 그 결과 정부의 기초연구투자가 1% 증가하였을 때 행태방정식으로는 0.033%, 동태모형으로는 0.494%의 제조업 부가가치 증가가 있었다. 여기서 후자는 9년간의 누적효과를 나타내는 반면에 전자는 당해연도의 효과를 반영하고 있다.[90]

2. 일출(溢出, spillover)과 지방화(localization)

공적으로 투자된 연구의 편익에 대한 연구에서 하나의 두드러진 경향은 정부의 투자로부터 산업계의 R&D와 같은 다른 활동으로의 일출(spillover)에 대한 조사였다. 일출의 주요한 형태는 첫째, 지리적인 일출 둘째, 영역과 산업을 가로지르는 일출로 확인되었다. 전자는 연구센터, 다른 기업 그리고 대학 근처에 위치한 기업에 대한 편익을 나타낸다.[91] 서지계량적(bibliometric) 연구로부터의 증거는 기초연구가 지방화

---

89) 장진규 외. *ibid.*, pp.52−56
90) 신태영. (2004a). 기초연구투자의 경제효과 분석: 사전기획연구. 과학기술정책연구원.
91) Griliches, *ibid.* 한편, Jaffe and NBER(1996)은 일출을 광의로 파악하여 지

되는 강한 경향을 보여준다. Katz는 한 국가 안에서의 연구협력이 지역적 근접(proximity)에 의해 강하게 영향을 받는다는 것을 보여주었다. 즉 거리가 멀어짐에 따라 협력은 감소하기 때문에 연구협력은 종종 대면(face to face) 상호작용을 필요로 한다는 것을 암시한다.[92)]

Jaffe는 3평균 모델(three-equation model: 특허, 산업 R&D 그리고 대학연구를 포함하는)을 사용하여 미국에서의 지역적인 일출에 대한 측정을 시도했다. 혁신적인 산출의 대용물로서 특허를 사용하여 미국의 29개 주에서 1972년~1977년, 1979년 그리고 1981년에 협력에서 기인하는 특허와 산업 R&D 그리고 대학연구 간의 관계를 조사했다. 그의 연구결과는 대학연구와 산업계 특허로부터 일출이 있음을 보여주었다. 또한 주(state) 단위에서 산업 R&D와 대학연구 사이에 제휴가 있었다. 그것은 대학연구가 산업 R&D를 촉진하는 것을 보여준다. 그러나 그 반대방향으로는 아니다.[93)]

Feldmann and Florida는 지리적인 영향을 분석하기 위해 '4변수 모델(four-variable model)' ― 대학연구의 분포, 산업 R&D 지출, 제조업의 분포 그리고 생산자 서비스의 분포에 기초하여 ― 을 개발했다. 그들은 여기서 높은 상관관계를 가진 변수들을 가지고 지리가 기술혁신의 과정에서 중요하다는 것을 보여주었다.[94)]

이러한 연구결과들은 Mansfield and Lee의 연구에 의해 지원받았다. 그들은 대학연구의 주요 센터와 가까운 기업들이 멀리 위치한 기업들보다 더 중요한 이점을 가진다는 것을 발견했다.[95)] 아울러 Hicks and

---

식일출(knoeledge spillover), 시장일출(market spillover), 네트워크 일출(network spillover)로 구분하기도 한다.

92) Katz, J.S., 1994. Geographical proximity and scientific collaboration. Scientometrics 31(1), 31-43.

93) Jaffe, A., 1989. Real effects of academic research. American Economic Review 79, 957-970.

94) Feldmann, M., Florida, R., 1994. The geographic sources of innovation: technological infrastructure and product innovation in the United States. Annals of the Association of American Geographers 84(2), 210-229.

Olivastro는 미국 기업의 특허가 지역에 있는 공공영역의 기관들에 의해 생산된 논문들을 인용하는 경향—특허에서 첨단 참고문헌의 27% 이상이 특허가 만들어진 미국의 주 안에 있는 기관에 속한 것이었다—이 있다는 것을 보여주었다.[96]

또한 앞에서 언급했던 Narin et al.의 산업 특허에 인용된 공공연구의 국가적 패턴에 대한 연구결과는 국가적인 수준에서 지리적인 영향에 대한 증거를 보여준다. 예를 들면 미국에서 독일기업에 의해 취득된 특허들은 참고문헌에서 다른 국적보다는 독일인 공공과학자들은 2.4배 정도 더 인용하는 것 같고, 비슷한 결과들이 다른 주요 국가들에 대해서도 얻어졌다. 그러나 이러한 지리적인 영향이 반드시 보편적인 것은 아니다. 앞에서 본 Beise and Stahl의 연구결과는 독일에 있는 기업들이 지역의 공공기관들을 인용하는 경향이 있지만—특히 공예 분야(polytechnics)에서—그들이 서베이한 기업들에 인용된 대학과학자들의 거리분포에서 볼 때 공공연구에 의존하는 혁신을 가진 기업과 다른 모든 기업들 사이에 주요한 차이는 없었다. 그들은 이러한 연구결과가 연구기관에의 근접성이 공적인 연구에 기반을 둔 혁신의 개연성에 영향을 미친다고 믿기 어렵다는 것을 가리킨다고 시사했다. 거리보다 더 중요한 것은 사내의 R&D에 대해 기꺼이 투자하려는 기업의 자세라고 그들은 주장한다. 공예 분야와 소기업들에 거리는 여전히 중요하다. 그러나 대기업과 대학에 거리는 덜 중요한 것으로 보인다.

경제지리학에서 최근의 연구는 지리적인 집적(agglomeration)과 일출의 중요성을 강조한다. 실리콘 밸리와 Route 128에 대한 Saxenian의 연구는 지역기관들이(연구 인프라를 포함하여) 지역의 혁신능력을 깊게

---

95) Mansfield, E., Lee, J.Y., 1996. The modern university: contributor to industrial innovation and recipient of industrial R&D support. Research Policy 25, 1047−1058.

96) Hicks, D., Olivastro, D., 1998. Are There Strong In−state Links Between Technology and Scientific Research. Issue Brief, Division of Science Resources Studies, CHI Research, Cherry Hill.

모양 짓는다고 결론지었다.[97] Storper는 지리적인 집적의 발전이 개인에게 체화된 많은 기술지식 특성과 대면 상호작용의 필연적인 중요성의 결과임을 시사했다.[98] 끊임없이 기술을 개발하고 공통의 문제를 풀어나갈 때 필연적인 상호의존성은 장소 특정적(place-specific)이며, 맥락 의존적(context-dependent)이며 기업과 개인들 사이의 계속적인 상호작용으로부터 유래한다.[99]

지리적인 일출의 가치 그리고 교환되지 않는 상호의존성의 가치는 시간에 따라 변한다.[100] 그것들은 기술적인 궤적이 아주 불명확할 때 특히 중요할지 모른다. 바꾸어 말하면, 개발의 넓은 범위가 혁신과정에 암묵지의 중요성을 증가시킬 때 그래서 새로운 정보를 해석하고 적용하는 데 있어서 직접적인 상호작용의 가치를 증가시킬 때이다. 개인적 연계와 대면 상호작용은 연구과정뿐만 아니라 지식을 빠르고 효과적으로 공유하고 이전하기 위해 필수적이다.

일출은 연구관련 활동에서 또한 일반적이다. 미국 특허데이터를 이용하여 Scherer는 방대한 특허표본을 혁신이 일어나는 산업과 영향을 받을 것으로 기대되는 산업으로 분류함으로써 일출의 방향에 대한 개빌측정법을 고안했다.[101] Los and Verspagen은 과학기술의 국내적 원천에 대한 일출의 정도를 측정하기 위해 특허의 지역적 기원과 미국 특허에 인용된 논문을 조사하여 일출에 대한 연구를 확장했다. 그들은

---

97) Saxenian, A., 1994. Regional Advantage: Industrial Adaptation in Silicon Valley and Route 128. Harvard Univ. Press, Cambridge.

98) Storper, M., 1997. The Regional World: Territorial Development in a Global Economy. Guilford Press, New York.

99) Cooke, P., Morgan, K., 1998. The associational Economy: Firms, Regions, and Innovation. Oxford Univ. press, Oxford.

100) Dosi, G., 1982. Technological paradigms and technological trajectories: a suggested interpretation of the determinants and directions of technical change. Research Policy 11, 147-162.

101) Scherer, F.M., 1982. Inter-industry technology flows in the United States. Research Policy 11, 227-246.

일출이 존재하지만 그것들이 영역과 국가에 따라 변한다는 것을 찾아
냈다.[102]

신성장이론에 대한 경제학자들의 연구는 기술개발의 일출효과(溢出效
果, spillover effect)를 강조한다. 이들 모델들은 정부기관을 통한 일출의
조장은 정책관점에서 결실이 많을지도 모른다고 시사한다.[103] 그러나
이들 모델은 생산함수(production function)에 대한 이론적인 역작(力作,
elaboration)에 크게 의존하며, 실증적인 데이터를 한정적으로 사용한다.
또한 대부분의 모델은 공적으로 투자된 기초연구보다는 산업 R&D에
초점을 둔다. 이들 모델들은 지식과 기술은 영역과 부문을 가로질러 일
출되지만 일출의 정도에 대한 유용한 측정법 개발이 어렵다는 것을 보
여준다. 종종 정부가 투자한 기초연구와 생산 간의 연계는 다양하고 간
접적이다. 판매고 또는 교차특허(cross-patent) 인용과 같은 단순한 측
정법은 단지 이러한 일출을 한정된 정도로만 획득한다.[104]

 ## 공적으로 투자된 기초연구의 경제적 편익

기초연구에 대한 공적인 투자의 경제적 수익을 평가하는 데 있어서
위에서 논의된 방법론적인 문제에도 불구하고 공적으로 투자된 연구가
경제성장에 기여하는 다양한 유형을 구별할 수 있다.[105]

---

102) Los, B., Verspagen, B., 1996. R&D spillovers and productivity: evidence
    from US manufacturing microdata. Paper presented at the 6th Conference
    of the Joseph A. Schumpeter Society, 2-5 June, Stockholm, Sweden.
103) Romer, *op. cit.*
104) Salter and Martin, *ibid.*, p.520.
105) Martin, B., Salter, A., Hicks, D., Pavitt, K., Senker, J., Sharp, M., Von

① 유용한 지식축적량의 증대

② 숙련된 졸업생 훈련

③ 새로운 과학적인 설비(instrumentation)와 방법론 개발

④ 네트워크 형성 및 사회적 상호작용 자극

⑤ 과학적·기술적 문제해결을 위한 능력 향상

⑥ 새로운 기업의 창출

이러한 여섯 가지 편익의 유형은 분명히 상호관련되고 중첩되지만 그것을 분석적으로 분리하는 것은 유용하다. 이들 편익들은 공적으로 투자된 연구에 국한되지 않는다는 것이 강조될 필요가 있다. 사적으로 투자된 기초연구도 비슷한 편익을 산출할 수 있다.[106]

1. 유용한 지식축적량의 증가

기초연구에 대한 공적인 투자의 전통적 정당화는 기업이 기술활동에 이용하는 과학정부를 확장시킨다는 것이지만, 이용자들이 그런 정보를 탐구하는 데 요구되는 실질적인 노력과 관련된 비용을 소극적으로 다루는 문제가 있다. 기초연구에 대한 정보이론과 관련된 어려움은 과학적인 연구결과의 상업적인 가치가 항상 즉시 분명한 것은 아니라는 것이다. 그러나 과학적인 발견으로부터 실제적인 응용까지의 경로를 추적하는 데 있어서의 어려움에도 불구하고, 기업들은 명백히 새로운 아이디어 또는 기술적인 지식의 원천으로서 공적으로 투자된 연구에 아주 많이 의존한다.[107]

Tunzelmann, N., 1996. The Relationship Between Publicly Funded Basic Research and Economic Performance: A SPRU Review. HM Treasury, London.
106) Salter and Martin, *ibid.*, p.520.
107) Narin et al., *ibid.*

Klevorick et al.은 기초연구에 대한 정부투자를 사회에 이용가능한 기술적인 기회를 확대하는 것으로 생각할 수 있다고 시사한다. 그들은 기업이 기술개발과정에서 어떤 항아리로부터 공을 끄집어내는 비유를 사용한다. 과학연구에 대한 정부자금 투자는 그 항아리에 더 많은 공을 추가해 주며, 그래서 기업들이 승자가 될 기회를 증가시킨다.[108]

기업들이 공적인 원천 — 정보(information) 또는 지식(knowledge) — 으로부터 끌어내는 것이 무엇인지에 대해 문헌상에 많은 혼란이 있다. 많은 기술혁신 서베이 용어들은 교환가능하게 사용되며, 대부분의 기업에 두 가지에 대한 구별은 비실제적인 것이다. 그러나 기초연구에 의해 수행되는 역할을 이해하기 위해서는 구별이 중요하다. 정부가 투자한 기초연구에 대한 전통적인 정당화는 공공재로서의 정보의 질에 의존한다. 그러나 과학정책연구로부터의 증거는 기업들이 이용하는 것은 정보가 아니라 지식이라는 것을 나타낸다. 정보를 이용하는 것은 대개 항상 지식을 요구한다. 개인과 조직은 정보를 흡수하고 이해하기 위한 투자 없이 이용가능한 정보를 사용할 수 없을 것이다. 정보는 단지 이용자들이 그것을 이해하는 능력을 가지고 있을 때 지식(그러므로 가치 있는)이 된다. 이것 없이 정보는 무의미하다.[109]

이와 관련하여 형식지(explicit knowledge)와 암묵지(tacit knowledge)를 구별하는 것이 중요하다. Faulkner and Senker는 형식지 자체로는 단지 한정된 정보만 제공할 뿐이라고 주장한다. 왜냐하면 그런 지식의 응용은 다른 암묵지와 보다 개인적인 상호작용을 요구하기 때문이다.[110]

---

108) Klevorick, A.K., Levin, R., Nelson, R., Winter, S., 1995. On the sources and significance of inter-industry differences in technological opportunities. Research Policy 24, 185-205.
109) Nightingale, P., 1997. Knowledge in the process of technical innovation: a study of the UK pharmaceutical, electronic and aerospace industries. Doctoral dissertation, SPRU, university of sussex, Brighton.
110) Faulkner, W., Senker, J., 1995. Knowledge Frontiers: Public Sector Research and Industrial Innovation in Biotechnology, Engineering Ceramics, and Parallel Computing. Clarendon Press, Oxford.

이와 관련된 연구로는 기업의 학술논문 출판이 증가하고 있는 것을 보여준 Hicks and Katz가 있다.[111] 그것은 기업이 전유가능성 때문에 그들의 지식을 성문화하는 것을 꺼려할 것이라는 경제적 편익에 대한 정보적인 시각을 명백히 훼손하는 것이다. Hicks는 기업이 성문화된 지식을 표현하기 위해서뿐만 아니라 암묵지와 전문지식의 존재에 대해 다른 기업에 신호를 보내기 위해서 논문을 출판하는 것이라고 시사한다.[112]

　<표 4>는 16개 산업 분야의 유럽 대기업들에 대한 PACE 서베이가 기업들이 공적인 연구에 대해 학습하는 데 출판물이 가장 일반적인 원천(source)임을 보여주고 있다. 아울러 비공식 접촉, 임차, 회의, 공동연구, 계약연구 그리고 일시적인 교환이 학습의 원천이 된다.

〈표 4〉 공적인 연구에 관한 학습의 원천별 중요성

원　천	중요성의 % 평가	높은 스코어의 산업(%)
출판물	58	제약(90), 기초금속(64), GCC(62), 시설(61)
비공식 접촉	52	제약(88), GCC(68), 시설(67), 항공우주(60)
임차(hiring)	44	제약(85), 컴퓨터(56), 항공우주(52), 화학(48)
회의	44	제약(85), 시설(56), 컴퓨터(56), 통신(48)
공동연구	40	항공우주(70), 기초금속(68), 시설(67), 제약(51)
계약연구	36	시설(72), 제약(51), 기초금속(48), 플라스틱(46)
일시적인 교환	14	제약(27), 컴퓨터(22), 전기(20), 기초금속(20)

자료: Arundel et al. *ibid*.(Salter and Martin, *ibid*., p.521에서 재인용) 640명의 응답자가 각 원천의 중요성에 대해 7점 척도로 평가했다. 이 수치는 각 원천을 5점이나 그 이상으로 평가한 응답자들의 비율을 가리킨다.
주: GCC는 유리, 요업 그리고 시멘트(glass, ceramics and cement)를 의미한다.

　이러한 논의는 공적으로 투자된 연구의 편익에 대한 오래된 정보기반 시각과 다르다. 기업들은 네트워크를 만들고, 접촉할 상대를 찾고,

---

111) Hicks, D., Katz, J.S., 1997. The british Industrial Research syatem. SPRU Working Paper, University of Sussex, Brighton.
112) Hicks, D., 1995. Published papers, tacit competencies and corporate management of the public / private character of knowledge. industrial and Corporate Change 4, 401－424.

전문지식에 대한 신호를 보내기 위해 출판물을 활용한다. 형식지와 암묵지는 꼼짝할 수 없게 연계되어 있다.[113] 기업에 의한 기술혁신과정에서 성문화된 지식에 접근하고 그것을 사용하는 것은 비용이 들고 어렵지만 정부에 의해 투자된 연구로부터 나온 출판물은 이러한 과정을 더욱 용이하게 한다.

2. 훈련된 졸업생

공적으로 투자된 연구의 경제적 편익에 대한 많은 연구들은 기업으로 유입되는 주요한 편익으로서 훈련된 졸업생을 들고 있다. 산업계에 입사하는 새로운 졸업생들은 최신의 과학연구에 대한 지식뿐만 아니라 복잡한 문제를 해결하고 연구를 수행하고 아이디어를 개발하는 능력을 가지고 온다.

Gibbons and Johnston은 기술혁신에서 과학의 역할에 대한 분석을 통해 연구투자로부터의 핵심적 편익으로서 훈련된 졸업생을 지적했다.[114] Martin and Irvine은 심지어 천문학과 같은 매우 기초적인 분야의 학생들도 산업계로 가서 주요한 공헌을 할지도 모른다는 것을 보여주었다.[115] Senker가 지적했듯이 졸업생들은 지식을 새롭고 힘찬 방식으로 획득하고 사용할 '정신적인 태도(attitude of the mind)'와 '암묵적인 능력(tacit ability)'을 산업계에 가져온다.[116]

종종 기업들은 새로운 졸업생들을 훈련시키는 데 큰 투자를 해야만

---

113) Hicks, *ibid.*
114) Gibbons, M., Johnston, R., 1974. The role of science in technological innovation. Research Policy 3, 220−242.
115) Martin, B.R., Irvine, J., 1981. Spin−off from basic science: the case of radio astronomy. physics in Technology 12, 204−212.
116) Senker, J., 1995. Tacit knowledge and models of innovation. Industrial and Corporate Change 4(2), 425−447.

한다. 학생들은 배우기 위해 준비된 상태로 올지도 모른다. 그들은 기
술적인 능력을 확장하기 위하여 기업에 의해 고용되기 전에 산업적인
실무를 배울 필요가 있다. 그렇지만 최근의 졸업생들은 다른 사람들을
자극하고 기준을 향상시키는 열정과 비판적인 접근법을 가지고 온다.
게다가 교육과정 동안 획득한 기술은 보다 산업특정적인(industry-spe-
cific) 기술과 지식을 개발하는 데 종종 필수적인 선봉이 된다.

졸업생들은 산업계에 이전되는 공적인 투자의 편익에서 핵심적인 메
커니즘을 제공하기 때문에 정부가 투자하는 기초연구와 학생훈련이 같
은 기관에서 행해지는 것은 지극히 중요하다. 또한 산업관련 연구에
종사하는 연구기관에서 학생들을 훈련시키는 것으로부터 나오는 편익
도 약간 있다. 그런 학생들은 기업들의 필요나 적성에 대한 실제적인
경험을 얻는다. 동시에 산업적인 실행에 대한 이해를 발전시키는 것과
학생들이 보다 일반적이고 보다 오래 지속하는 기술을 구비하는 교육
을 제공하는 것 사이에 균형을 유지해야 한다.117)

3. 새로운 설비와 방법론

새로운 설비나 방법론의 개발이 정부가 투자한 기초연구의 핵심적인
산물 중 하나라는 것을 역사적인 연구(예를 들면 Rosenberg, 1992)가
보여주고 있다. 그러나 이러한 형태의 편익에 대한 평가를 시도한 것
은 극소수이다. 특히 기술혁신 서베이는 산업계의 R&D 관리자들이 초
기의 정부가 투자한 연구에 의한 공헌을 인식하는 데 있어서의 제한된
능력 때문에 설비에 대해 거의 고려하지 못하고 있다.118)

기초연구에 포함된 도전은 특정한 연구문제들과 맞설 수 있는 새로

---

117) Salter and Martin, *ibid.*, p.522.
118) Salter and Martin, *ibid.*, p.522.

운 장비, 실험기술 그리고 분석적인 방법들을 고안하도록 계속적으로 강요한다. 이들 중의 몇몇은 결국에는 산업계에 채택될지도 모른다. 예를 들면 전자회절(electron diffraction), 주사전자현미경, 이온주입법(ion implantation), 싱크로트론 방사선원(synchrotron radiation sources), phase-shifted lithography, 초전도 자석 등이다.[119]

Rosenberg가 언급했듯이 과학적인 기기들은 반도체와 같은 많은 산업에서 산업자본재와 거의 구별하기 어렵게 되었다. 우리가 오늘날 첨단 전자공학 관련 제조공장에서 보는 실로 많은 거의 대부분의 장비들이 대학의 연구실험실에 그 기원을 가지고 있다.[120]

연구과정에서 개발된 기기와 기업에 의해 개발된 기기 사이에는 강한 피드백이 있다.[121] 과학자들이 연구를 확장하기 위해 새로운 도구를 이용하듯이 새로운 기기는 기업에 의해 이용될 뿐만 아니라 종종 새로운 기기의 소개가 컴퓨터 물리학이나 인공지능과 같은 새로운 연구 분야의 개발로 이끌 수 있다. Rosenberg는 연구자들이 원천적인 질문에 대해 면밀히 탐구하도록 허용하는 정부의 투자 없이 그런 설비는 일반적으로 개발되지 못했을 것이라고 주장했다.

콜롬비아대학에서의 기술 라이센싱에 대한 연구는 기업들이 대학으로부터 주로 연구 도구(research tools)와 기술(techniques)을 라이센스하는 경향이 있다는 것을 지적했다.[122] 다른 말로 하면 대학 시스템의 많은 기술적 산출이 명백하게 설비와 기술에 의존한다는 것이다. 마찬가

---

119) OTA, 1995. Innovation and Commercialization of Emerging Technology. Office of Technology Assessment, US Government Printing Office, Washington, DC. p.38.

120) Rosenberg, N., 1992. Scientific instrumentation and university research. Research Policy 21, 381-390.

121) Von Hippel, E., 1987. Co-operation between rivals: informal know-how trading. Research Policy 16, 291-302.

122) Nelson, R.R., Gelijis, A., Raider, H., Sampat, B., 1996. A preliminary report on Columbia inventing. Mimeo, September 25, 1996, University of Columbia, New York.

지로 PACE 보고서는 <표 5>와 같이 기업들이 설비를 공적인 연구의
두 번째로 가장 중요한 산출로 평가한다는 것 ― 특히 제약업, GCC, 전
기와 항공우주산업에서 ― 을 보여준다.

〈표 5〉 공적인 연구의 산출물별로 산업에 대한 중요성

산물의 형태	중요성에 대한 % 평가	높은 스코어의 산업(%)
특수화된 지식	56	제약(84), 시설(64), 식품(57), 항공우주(57)
설비(instrumentation)	35	제약(49), GCC(45), 전기(42), 항공우주(39)
기초연구로부터의 일반적인 지식	32	제약(76), 화학(38), 컴퓨터(38), 설비(36)
원형(prototype)	19	식품(28), 제약(27), 전기(26), 기초금속(24)

자료: Arundel et al. *ibid*.(Salter and Martin, *ibid*., p.523에서 재인용) 응답자들은 각
산출물의 중요성을 7점 척도로 평가했다. 이 수치는 각 산출물을 5점 또는
그 이상으로 평가한 응답자들의 비율을 가리킨다.

4. 네트워크와 사회적 상호작용

Del Solla Price는 전문지식과 실행의 네트워크로의 진입점을 제공하
는 데 있어서 정부가 투자한 연구의 역할을 처음으로 확인한 사람 중
하나이다.[123] 정부의 투자는 개인이나 조직에 연구와 기술개발의 세계
적인 공동체에 참여하는 수단을 제공한다.[124] 그러한 네트워크의 경제

---

123) De Solla Price, D., 1984. The science / technology relationship, the craft
of experimental science and policy for improvement of high technology
innovation. Research Policy 13, 3－20.
124) 한 가지 국내 사례로는 김시중 과학기술처 장관(재임 기간: 1993.2.26～
1994.12.23)이 김영삼 대통령에게 한국에서의 핵융합연구 필요성에 대해
다음과 같은 보고를 했던 경우가 있다. "원자력에는 3가지 분야, 즉
Fission(핵분열), Fusion(핵융합), RI(방사성 동위원소) 이용 등 3가지 분야
가 있는데, ……Fusion은 문제가 많지만, 세계 각국이 협력하여 소위 '핵
융합발전'을 하는 등 지금 그런 움직임이 IAEA(국제원자력기구)에서 일

적 편익은 측정하기 어려움에도 불구하고 <표 4>가 나타내는 것은 기업이 공적인 연구결과에 관한 학습의 주요한 수단으로 비공식적인 상호작용을 활용한다는 것이다.

네트워크는 많은 실증적 연구의 초점이 되어 왔다. Faulkner and Senker는 바이오 기술, 요업공학, 병렬컴퓨터 사용에서의 공사부문 간 연계에 대해 연구했다. 기업과 공공영역 과학자들 간의 선의의 개인적인 관계가 공적·사적부문 간의 성공적인 협력의 열쇠로 떠올랐다. 개인적인 관계는 장기적인 계약관계가 성립될 수 있는 이해와 신뢰를 발전시킨다. 네트워크는 또한 소기업들이 정교한 설비와 장비에 접근할 수 있게 해 줄지도 모른다.[125]

Rappa and Debackere는 어떤 공동의 목적에 집중하는 느슨하게 연결된 개인들로 이루어진 기술적인 공동체가 있다는 것을 시사했다. 그들은 신경 네트워크 공동체(the neural network community)에 대한 서베이를 사용하여 대학교수들은 그들의 발견을 공표하고 새로운 발견을 전달하는 것을 기꺼이 하려고 하는 반면에 산업계의 행위자들은 그들의 기술공동체 내에서 아이디어 교환을 추구한다는 것을 제시했다.[126] 다른 말로 하면, 산업계의 행위자들은 새로운 제품이나 공정을 개발할 때 대학 연구자들과의 네트워크 관계를 이용하는 강하고 종종 비공식적인 기술공동체에 둘러싸여 있다.

Callon은 기초연구에 대한 정부의 투자가 새로운 네트워크 구축의 수단으로 보인다고 시사했다. 투자는 새로운 상호작용의 형태를 만들어

어나고 있는데, 이때 우리 한국학자가 거기서 발언할 수 있고, 거기에 참여할 수 있도록 기초실력을 닦아 주어야 되겠습니다. ……라고 보고를 드렸더니 대통령께서 그렇게 하라고 허락하셨습니다." 대통령의 제가를 받은 후 김 장관은 당시의 기초과학지원센터에 공동연구를 할 수 있는 기능을 부여하고 기본연구비 지급을 지시함으로써 플라즈마 및 핵융합연구를 위한 소규모의 기초연구가 비로소 시작되었다(황병상, 2003: 117).

125) Faulkner and Senker, *ibid*.
126) Rappa, M., Debackere, K., 1992. Technological communities and the diffusion of knowledge. R&D Management 22(3), 209-222.

내면서 조직과 개인 간의 새로운 관계의 결합을 자극한다. 그와 대조적으로 시장(market)은 집중성(convergence)과 비가변성(irreversibility)으로 이끌고 사회를 특정한 기술적인 선택에 고정시키면서 현존하는 다양성의 원천들을 소모시키는 경향이 있다. 정부활동은 이러한 순환의 고리를 깨고 새로운 옵션을 창조함으로써 이러한 시장의 경향에 대응하도록 요구된다. 정부의 투자를 통해 기업이 이용가능한 과학적인 옵션의 다양성을 증가시킴으로써 기술적인 문제들을 다루고 해결하는 독창적인 접근법을 만들어 내는 것이 가능하다. 요컨대, 정부의 투자는 사회적인 행위자들 사이에 새로운 관계를 창조하면서 사회적 상호작용을 확대한다. 즉 그러한 연계는 기업이 이용가능한 기술적인 기회의 풀(pool)에 추가된다.[127]

Lundvall 역시 국가기술혁신시스템에서 행위자들 사이의 새로운 상호작용의 양식을 생성시키는 정부투자의 필요성을 강조했다. 그는 기술혁신을 특징짓는 학습과정의 상호작용적 성질은 그 시스템 내에서 행위자들 간의 접촉을 촉진하는 기관들로부터의 지원을 요구한다는 점을 시사한다.[128] 점점 지식과 지성(intelligence)은 개인적인 토대에서 접근되기보다는 사회적인 방식으로 조식화된다. 네트워크 모델은 암묵적 차원의 지식에 대한 증가하는 관련성과 이것이 종종 대학과 같은 다른 관련 기관과 기업 사이에서 지식과 아이디어의 비공식적인 공유에 토대를 두고 있는 정도에 대해 인식한다. 이들 네트워크의 조밀도(density)와 그들을 구성하는 연계는 아마 지역경제와 국가경제의 진동성(vibrancy)의 지표이다.[129]

---

127) Callon, M., 1994. Is science a public good? Science, Technology and Human Values 19, 345−424.

128) Lundvall, B.A. (ed.) 1992. national Systems of innovation: Towards a Theory of Innovation and Interactive Learning. Frances Pinter, london.

129) Cooke, P., Morgan, K., 1993. The network paradigm: new departures in corporate and regional development. Environment and Planning D: Society and Space 11, 543−564.

5. 기술적인 문제해결

공적으로 투자된 연구는 또한 산업계 등이 복잡한 문제를 해결하는 것을 도움으로써 경제에 기여한다. 공적으로 지원된 연구는 기술적으로 어려움을 겪는 많은 기업들이 거기서 무언가를 끌어낼지도 모르는 넓은 자원의 풀(pool)을 제공한다. Vincenti의 분석은 진보된 공학이 공적으로 지원된 연구기반으로부터 배경적인 지식을 제공받을 뿐만 아니라 훈련된 문제해결자를 공급받음으로서 간접적으로 이익을 얻는다고 시사한다.[130]

여기에 타당한 것으로는 미국 대기업의 R&D 책임자 650명에 대한 Yale대 Klevorick 교수 등의 서베이가 있다. 이것은 기초연구의 편익에 대한 가장 시스템적인 분석 중의 하나를 제공한다. 저자들은 지식의 일반적인 풀(pool)을 공급하는 과학의 역할과 기업을 위한 특정한 대학연구의 역할을 구분했다. 전자는 후자보다 대략 3배 정도 많은 응답자를 가지고 있어서, 전자가 최근의 기술진보에 중요한 것으로 판단되었다.

"일반적인 과학(지식의 풀)과 대학의 과학(새로운 결과)에 대한 관련성 측정에서의 불일치는 응용연구보다 기초연구에서 더 크다. 왜냐하면 응용과학과 공학 분야의 연구는 실제적인 문제의 인지에 의해 더 크게 유도되고, 새로운 연구결과가 종종 직접적으로 해법에 공급되기 때문이다. ……그렇지만 이것이 예를 들면 기초물리학에서의 새로운 연구결과가 산업혁신과 관련이 없다는 것을 의미하는 것은 결코 아니다. 오히려 우리는 기초적인 과학지식에서의 진보가 두 가지 통로를 통해 산업계의 R&D에 크게 영향을 미친다고 시사하는 것으로 이해한다. 하나는 산업계의 과학자나 기술자들(특히 최신의 산업적인 훈련을 받은)이 그들의 업

---

130) Vincenti, W., 1990. What Engineers Know and How they Know It. John Hopkins Press, Baltimore.

무에 가져오는 일반적인 이해나 기술에 영향을 미치는 것을 통해서이다. 다른 하나는 응용과학과 공학 분야에서의 그들의 합동(incorporation)과 그런 분야에서의 연구에 대한 그들의 영향을 통한 것이다."[131]

유럽기업에 대한 PACE 서베이는 비록 산업계와 과학 간의 연계가 영역과 국가에 따라 다르기는 하지만 이러한 결론을 확인하고 있다. <표 6>에서 보는 바와 같이 응용연구 분야는 화학과 함께 꽤 높은 점수를 받았다. 반면에 물리학, 생물학과 수학은 덜 중요한 것으로 판단되었다.

Nelson and Rosenberg는 기술혁신 서베이에서 물리학과 같은 기초과학에 주어진 낮은 점수가 이러한 분야들이 산업계에 편익을 제공하는데 실패했다는 것을 반드시 의미하는 것은 아니라고 주장한다. 그들은 기초연구로부터의 통찰력이 종종 공학과 설계를 위한 기술지식을 개발하기 위해 기초과학을 이용하는 공학학교를 통해 산업계에 조금씩 이동된다고 시사한다. 공학지식과 기초과학 사이에는 강한 피드백이 있다. 예를 들면 전기공학에 관한 지식은 물리학 또는 수학에서의 근본적인 발견에 종종 의존한다.[132]

---

131) Klevorick *et al.*, *ibid.*, pp.196−197.
132) Nelson, R., Rosenberg, N., 1994. American universities and technical advance. Research Policy 23(3), 323−348. p.342.

〈표 6〉 과거 10년간 공적으로 투자된 연구의 기술기반에 대한 중요성

과학 분야	중요한 것으로 평가한 응답자의 %	높은 스코어의 산업(%)
재료과학	47	항공우주(77), 기초금속(76), 전기(72), GCC(63)
컴퓨터 과학	34	항공우주(60), 통신(56), 자동차(47), 컴퓨터(47)
기계공학	34	자동차(64), 항공우주(64), 시설(53), 컴퓨터(47)
전기공학	33	컴퓨터(78), 항공우주(73), 통신(70), 전기(56)
화학	29	제약(78), 석유(52), 화학(46), 컴퓨터(33)
화학공학	29	석유(60), 제약(55), 화학(46), 플라스틱(42)
물리학	19	컴퓨터(64), 기초금속(33), 플라스틱(25), GCC(25)
생물학	18	제약(71), 식품(33), 석유(18), 화학(17)
의학	15	제약(85), 설비(29), 컴퓨터(27), 식품(15)
수학	9	컴퓨터(25), 항공우주(20), 자동차(20), GCC(13)

자료: Arundel et al., *ibid*.(Salter and Martin, *ibid*., p.525에서 재인용) 16개 산업계의 응답자들은 공적으로 투자된 연구의 중요성을 7점 척도로 평가했다. 이 수치는 공적으로 투자된 연구를 5점 또는 그 이상으로 평가한 응답자들의 비율을 가리킨다.

6. 새로운 기업의 창업

새로운 기업의 창업은 때때로 정부가 투자한 연구의 편익으로서 인용된다. 그러나 새로운 기업들이 정부 투자의 결과로서 의미 있는 규모로 설립되었는지의 여부에 대해서는 증거가 혼합되어 있다. MIT나 스탠포드와 같은 연구중심대학 주위에 밀집된 신생 기업들의 지역적인 응집에 대한 약간은 화려한 예도 확실히 있다.[133] 그러나 몇몇 연구는 기초연구에 대한 중요한 투자가 스핀오프(spin-off) 기업을 산출하는 것에 대해 약간의 설득력만 가진 증거를 발견했다. 대학연구와 기업

---

133) 메사츄세츠에는 약 530억 불의 세계적 판매고를 기록하는 1천 개 이상의 MIT관련 회사들이 있는 것으로 추정된다. 이들 회사에는 약 125,000명의 노동자들이 고용되어 있으며, 세계적으로 MIT와 관련된 노동자는 약 353,000명이다(CED, *ibid*., p.11.).

탄생과의 상관관계는 양성적이며 전기 장비부문에서는 통계적으로 유의미한 반면에 다른 부문에서는 통계적으로 무의미하다.[134]

그러나 새로운 기업의 증가만이 유일한 이슈는 아니다. 종종 스핀오프로서 창립된 기업들이 아주 작은 규모로 남아 있거나 높은 실패율을 가진다(예를 들면 소프트웨어 부문에서). 그러한 기업들은 새로운 기술 주위에 군집하는 슘페터주의(Schumpeterian)의 중요한 원천을 제공하지만 새로운 기업의 개수에 대한 단순한 머릿수 세기는 오해될 수 있다. 기업의 진퇴율(entry and exit rate)은 영역과 지역에 따라 상당히 다르다. 게다가 대학에서 스핀 아웃(spin out)된 많은 기업들은 낮은 성장률을 가지고 있다.[135]

사이언스 파크에 위치한 기업들에 대한 연구에서는 대학과의 연계가 신생 소기업에 대해서는 유리할 수 있으나 이러한 利點이 종종 아주 제한적이라는 것을 가리킨다.[136] 성공적이고 지속적인 혁신은 아이디어의 개발보다 더 많은 것을 포함한다. Stankiewicz는 "대학은 좋은 기업가를 만들지 않고, 기술의 효과적인 개발은 대개 기술과 관리통제의 소유권을 초기단계에 그들의 손에서부터 제거되도록 요구한다."라고 적어 두었다.[137]

---

134) Bania, N., Eberts, R., Fogarty, M., 1993. Universities and the start-up of new companies. Review of Economics and Statistics 75(4), 761-766.

135) Massey, D., Quintas, P., Wield, D., 1992. High Tech Fantasies: Science Parks in Society, Science and Space. Routledge, London.

136) Storey, D., Tether, B., 1998. New technology-based firms in the European union: an introduction. Research Policy 26, 933-946.

137) Stankiewicz, R., 1994. Spin-off companies from universities. Science and Public Policy 21(2), 99-108.

 결 론

위에서 살펴보았듯이 공적으로 투자된 연구의 경제적 편익에 대한 연구는 세 가지의 방법론을 가지고 시도되었다. 많은 연구와 조사에서 기초연구가 상당한 직·간접적인 경제적 편익을 가져온다고 지적하고 있지만 그 증거에는 여러 가지 한계점을 가지고 있는 것 또한 사실이다.

생산성에 대한 연구의 영향을 평가한 계량경제학적 연구는 사실상 모두가 양성적인 수익률을 찾아내었고, 대개의 경우에서 그 수치는 비교적 높았다. 그러나 이러한 시도들은 과학시스템에 대한 단순한 생산함수모델의 가설과 같은 측정의 어려움과 개념적인 문제에 봉쇄되어 있다. 특히 그들은 제일 먼저 연구는 유용한 정보의 원천이라고 가정하는 경향이 있어 다른 형태의 경제적 편익을 무시하고 있다. 지방화의 영향과 일출에 대한 계량경제학적인 문헌들은 선진산업국가들이 다른 국가들에 의해 산출된 지식을 전유하고 기술개발을 지속하기 위해서 그들 자신의 잘 개발된 기초연구능력을 필요로 한다는 것을 강조한다.

기초연구로부터의 다른 형태의 경제적 편익에 대한 서베이와 사례연구는 많은 연구결과들을 산출했다. 여기서 구별되는 경제적 편익의 다른 형태들에 대한 상대적 중요성은 과학 분야, 기술과 산업의 부문별로 변화한다. 즉 기초연구와 기술혁신 간의 관계는 아주 이질적(hete-rogeneous)이다. 따라서 기초연구로부터의 경제적 편익에 대한 단순한 모델은 가능하지 않다. 요컨대, 서베이와 사례연구에서 나타나는 종합적인 결론은 ① 기초연구로부터의 경제적 편익은 실제적이며 실질적이다. ② 경제적 편익은 다양한 형태로 나타난다. ③ 핵심적인 이슈는 편익이 거기에 얼마나 많이 있는지 없는지가 아니라 편익의 가장 효과적인 이용을 위하여 국가적인 연구와 혁신시스템을 어떻게 최상으로 조

직하느냐 하는 것이다.[138]

　그러나 이들 연구결과들은 공적인 지원이 얼마나 많이 공급돼야 하는지 그리고 그것이 어떤 분야에 투자되어야 하는지에 대해서는 시사하지 않고 있다. 그것은 기초연구에 대한 공적인 투자가 정부지출의 많은 영역(예, 국방)과 같이 측정가능한 경제적 편익에 의해 단독적으로 정당화하기가 쉽지 않다는 것을 가리킨다.

　앞에서 살펴본 다양한 이유 때문에 단순한 정책처방에 도달하기는 어렵다. 요약하자면 첫째로, 기초연구와 혁신 간의 상호작용 형태에서의 변화 그리고 과학 분야, 기술과 산업영역별로 경제적 편익의 다른 형태에 대한 상대적 중요성에서의 변화와 관련된다. 둘째는 기술의 범위에 대한 새로운 제품과 공정의 의존 그리고 수많은 과학 분야에 대한 새로운 기술의 의존이 있다. 세 번째는 지리적인 영향과 하나의 활동과 다른 활동 사이의 상호작용을 포함하는 일출의 중요성과 관련된다. 요컨대, 기초연구를 위한 단순하고 통일된 정책은 있을 수 없다.[139] 그럼에도 불구하고 Salter and Martin은 몇 가지 정책적인 교훈을 제시하고 있다.

　"첫째, 정책온 기초연구가 그들 분야의 최일선에 있는 조직에서 수행되는 대학원생 훈련과 밀접하게 통합되는 것을 보장해야 한다. 이것은 대학과 중앙정부연구소의 기초연구에 대한 공적인 투자에 있어서의 적절한 혼합이라는 시사점을 가지고 있다.

　둘째, 새로운 설비로부터 초래될 수 있는 혁신에 공헌하기 위해 연구비(research grant)는 최신의 설비에 접근하고, 실험시설과 새로운 기법들을 개발하고 이러한 일에 조력할 기술자들에게 투자하기 위한 적절한 자원을 포함해야 한다.

　셋째, 산업계에 들어오는 훈련된 대학졸업생들이 바로 기초연구가 경제적 편익으로 변환되는 주요한 경로라는 증거를 통해 알 수 있듯이,

---

138) Salter and Martin, *ibid.*, pp.526－527.
139) Salter and Martin, *ibid.*, p.528.

정책은 자격 있는 과학자와 기술자에 대한 산업계의 채용을 증가시키는 방향으로 감독되어야 한다.

넷째, 단 하나의 기초연구가 많은 다른 기술개발과 제품개발에 기여할지 모르고, 그러한 개발이 반대로 많은 연구 분야에 의존할지 모르기 때문에 국가는 기초연구에 대한 공적 투자에 포트폴리오(portfolio)에 근거한 접근이 필요하다. 여기서의 포트폴리오는 연구 분야와 기술에 의한 포트폴리오뿐만 아니라 공적으로 투자된 연구의 잠재적인 편익이 성공적으로 개발되고 이전되는 것을 보장하기 위한 모든 범위의 메커니즘과 제도에 의한 포트폴리오를 말한다.

다섯째, 연구로부터의 수익은 공적으로 투자된 기초연구의 산출—훈련된 사람, 기술, 설비 또는 다른 산출이든—에 접근하는 데 결정적으로 의존한다. 이들에 대한 접근 없이는 하방(downstream)의 편익을 얻을 것 같지 않다.

여섯째의 마지막 정책 결론은 세계과학시스템에 무임승차할 수 있는 국가는 하나도 없다는 점이다. 그 시스템에 참여하기 위하여 한 국가 또는 실제로 한 지역이나 기업은 다른 곳에서 생산된 지식을 이해하는 능력을 필요로 한다. 그리고 그 이해는 단지 연구를 수행함으로써만 개발될 수 있다."140)

기초연구의 경제적 편익은 계량화하기 어렵지만 기초연구는 세계경제에서 산업화된 국가의 전략적 위치와 기술의 최첨단을 유지하기 위해서는 결정적으로 중요한 것이다. 왜냐하면 새로운 기술은 기초연구로부터의 산출, 최첨단의 과학적인 문제해결자 그리고 과학적이고 기술적인 노하우의 결합에 기반을 둔 새롭게 떠오르는 분야에 점점 의지하기 때문이다.

여기서 Pavitt와 미국경제개발위원회가 기초연구투자에 대해 언급한 대목을 한번 숙고해 볼 필요가 있다. Pavitt는 "결과적으로 국가적으로

---

140) Salter and Martin, *ibid.*, pp.528－528.

기초연구에 자금을 투자한 많은 편익이 자국에 머문다. ……연구훈련의 많은 편익도 국경 내에 남는 것 같다.”고 언급하였다.141) 미국 경제개발위원회는 다음과 같이 강조하고 있다.

“기초연구에 대한 미국의 책무를 강화하고 유지하는 것과 기초연구에 사용된 자원의 생산성을 향상시키는 것은 명백히 국가이익에 부합하는 일이다. 과거에서처럼 미래세대의 경제적 번영은 기초연구에 대한 이 나라의 역사적이고 근본적인 책무를 지속하기 위한 현재의 노력에 결정적으로 의존할 것이다. ……최초의 기초연구를 수행하는 것은 미국을 추종자들이나 지불 없이 이익을 얻으려는 자들(free-loaders)들보다 더 빨리 편익을 개발하게 해 준다. 만약 미국이 기초연구에 대한 노력을 감소시킨다면, 미국은 이러한 첫 번째 연구수행자(first-mover)로서의 이익을 놓치게 될 것이다.”142)

요컨대 그들은 기초연구의 근본적인 중요성과 함께 기초연구에 대한 투자결과는 자국 내에 남고 자국에 경제적인 편익을 가져다준다는 것을 말하는 것이나. 즉 기초연구의 결과가 공표를 통해 전 세계에 알려진다 하더라도 암묵지와 경제적 편익 등 여러 편익은 그 기초연구가 수행된 나라 안에 남아서 유익함을 가져온다는 것이다.

한편 2006년 1월 미국의 부시 대통령은 연두교서를 통해 자국의 경쟁력 강화를 위한 투자와 정책에 대한 종합계획인 ‘미국 경쟁력강화계획(American Competitiveness Initiative, ACI)’을 발표한 바 있다. 그 핵심 내용 중 하나가 바로 물성과학과 공학(Physical Science & Engineering) 분야의 기초연구를 지원하는 주요 연방정부 기관의 투자액을 향후 10년

---

141) Pavitt, K., 2001. Public Policies to Support Basic Research: What Can the Rest of the World Learn from US Theory and Practice?(And What They Should Not Learn). Industrial and Corporate Change 10(3), 761-779. p.767.
142) CED, *ibid.*, p.6., p.46.

동안 두 배로 증액한다는 내용임을 주시할 필요가 있다.

보다 장기적인 시각으로는 기초연구 대한 공적인 투자를 저렴한 비용의 보험이나 학습역량에 대한 투자로 볼 필요가 있다. 이것은 "미래의 기회와 도전을 생각하면서 기초연구에 대해 생각하는 한 가지 방법은 그것을 저렴한 비용의 보험으로 생각하는 것이다. 미국의 기초연구는 매우 중대한 장기적인 경제적·사회적 이득을 창조하기 위해 GDP의 0.5% 미만을 사용하고 있다."라는 미국경제개발위원회의 언급과[143] "궁극적으로 기초연구에 대한 지원은 한 사회의 학습역량에서의 투자로 보여야 한다."는 Salter and Martin의 제언에 의해서도 확인된다.[144]

기초연구의 경제적 편익에 대한 실질적인 연구는 장진규 외와 신태영의 연구를 제외하고는 모두가 미국이나 유럽 등 선진국에서의 데이터나 사례를 이용한 연구였다. 선진국의 연구결과를 가지고 공적으로 투자된 기초연구의 경제적 편익을 유추해 보는 것도 현재의 상황에서는 중요한 일중에 하나이다. 그러나 선진제국들은 우리나라와는 경제·사회적 배경과 연구의 발전단계가 다른 만큼 과연 우리나라에서는 기초연구가 어느 정도의 경제적 편익을 창출하는지에 대한 보다 다양한 계량경제학적 연구, 사례연구 그리고 서베이가 필요하다.

정부는 2005년 12월 '연구성과평가 및 관리에 관한 법률'을 제정하였고, 2006년 8월에는 '연구성과 관리·활용 기본계획'을 세워 연구개발의 성과를 강조하고 있다. 동법 제2조에는 "연구성과라 함은 연구개발을 통하여 창출되는 특허, 논문 등 과학기술적 성과와 그 밖에 유·무형의 경제·사회·문화적 성과를 말한다."고 정의하고 있는 만큼 공적으로 투자된 기초연구의 결과로서 단기적인 산출뿐만 아니라 보다 장기적인 경제적 편익에 대한 심도 있는 연구를 앞으로 기대한다.

---

143) CED, *ibid.*, p.14.
144) Salter and Martin, *ibid.*, p.528.

〈참고문헌〉

○ 제1장 과학기술정책의 결정을 위한 시민참여 정책분석

강근복. (2000). 「정책분석론(개정판)」. 서울: 대영문화사.
강근복. (2005). "참여정책분석의 개념과 실행조건". 「지역개발논총」, 17집. 충남대학교 지역개발연구소.
구광모. (2001). "정책분석과 공중참여". 「중앙행정논집」, 15(2): 1~18.
권기창, 배귀희. (2006). 과학기술정책의 거버넌스 변화. 「한국정책과학학회보」. 10(3): 27-53.
김재관. (1994). "정책논쟁분석에 관한 논리적 검토". 「한국정책분석평가학회보」, 4(1): 65~88.
노화준. (2002). 「기획과 결정을 위한 정책분석론(전정판)」. 서울: 박영사.
문태현. (1992). "정책분석과 비판이론—Habermas의 의사소통능력이론을 중심으로—".
한국행정학보. 26(2): 265-280.
송근원. (1991). "정책분석 및 평가에 대한 접근방법의 변천—실증주의에 대한 대안의 탐색. 「정책분석평가학회보」, 1(1): 1-18.
유민봉. (1994). "정책분석틀로서의 정책논변모형". 「한국행정학보」, 28(4): 1175~1190.
이영희. (2000). "과학기술정책과 시민참여". 「과학기술정책」, 10(2).
이영희. (2002). "과학기술정책과 시민참여모델". 참여연대시민과학센터(편). 「과학기술·환경·시민참여」. 서울: 한울.
이창원 외. (2004). 「과학기술정책에 대한 시민참여 확대방안 연구」. 과학기술부.
채원호. (2001). "참여형 정책분석과 거버넌스". 「한국행정학회 하계학술대회 발표논문집」.
허 범. (1993). 「정부정책의 형성과 관리」. 중앙공무원교육원 강의교재.
허 범. (2002). "대통령선거공약토론의 유권자 참여 지향적 조직과 운영".

「한국정책학회보」, 11(4): 485~555.

허 범. (2005). "참여정책분석의 개념전제와 활용 방안". 충남대학교 지역 개발연구소 토론회 발제문.

Alback, E. (1995). "Between Knowledge and Power: Utilization of Social Science in Public Policy—Making". *Policy Sciences,* 28: 79~100.

Anderson, Ida—Elisabeth and Jaeger, Birgit. (2002). "Danish participatory models Scenario workshops and consensus conferences: towards more democraticdecision—making".
http://www.pantaneto.co.uk/issue6/andersenjaeger.htm

Bardach, Eugene. (1996). *The Eight—Step Path of Policy Analysis: A Handbook for Practice,* Berkeley. CA: Berkeley Academic Press.

deLeon, Peter. (1990). "Participatory Policy Analysis: Prescriptions and Precautions". *Asian Journal of Public Administration,* 12(2): 29~54.

deLeon. Peter. (1992). "The Democratization of the Policy Sciences". *Public Administration Review,* 52(2): 125~129.

deLeon. Peter. (1993). "Citizen Participation and the Democratization of Policy Expertise: From Theoretical Inquiry to Practical Cases". *Policy Sciences,* 26(3): 165~187.

deLeon. Peter. (1994). "Democracy and the Policy Sciences: Aspirations and Operations". *Policy Studies Journal,* 22(2): 200~212.

deLeon, P. (1995). "Democratic Values and Policy Sciences". American Journal of Political Science. 39(4): 886—905.

deLeon, Peter. (1997). *Democracy and the Policy Sciences.* Albany. NY: State University of New York Press.

Dryzek, J. (1989). "Policy Sciences of Democracy". *Polity,* 12(1): 97~118.

Dryzek, J. S. & D. Torgerson. (1993). "Democracy and Policy Sciences: A Progree Report". *Policy Sciences,* 26: 127~137.

Dryzek, J. S. (1990). *Discursive Democracy.* New York, NY: Cambridge University Press.

Duming, D. (1993). "Participatory Policy Analysis in a Social Service Agency: A case study". *Journal of Policy Analyis of Management,* 12(2): 297~322.

Dunn, William N. (2004). *An Introduction to Public Policy Analysis.* 3rd ed. Engliwood Cliffs: Prentice Hall.

Durning, D. (1993). "Participatory Policy Analysis in a Social Service Agency". *Journal of Policy Analysis and Management,* 12(2): 231~257.

Fischer, Frank. (1993). "Citizen participation and the democratization of policy expertise: From theoretical inquiry to practical cases". *Policy Sciences,* 26(3): 165~187.

Fischer, F. & Forester, J. (eds.). (1993). *The Argumentative Turn in Policy Analysis and Planning.* Durham: Duke University Press.

Fischer, Frank. (1998). "Beyond Emipricism: Policy Inquiry in Postpositivist Perspective". *Policy Studies Journal,* 26(1): 129~146.

Fortier, I. (2003). "Democratic Practices vs. Expertise:the National Action Committee on the Status of Women and Canada's Policy on Repro-ductive Technology". *Paper prepared for the Annual Meeting of the Canadian Political Association.*

Green, A. J. (1997). "Public Participation and Environmental Policy Outco-mes". *Canadian Public Policy,* 23(4): 435~438.

Guba, Egon. (1985). "What Can Happen As a Result of Policy". *Policy Studies Review,* 5(1): 11~16.

Habermas. J. (1973). *Theory and Practice.* Boston: Beacon Press, Transla-ted by John Viertel.

Haight, David & Ginger, Clare. (2000). "Trust and Understanding in Parti-cipatory Policy Analysis: The Case of the Vermont Forest resources Advisory Council". *Policy Studies Journal, 28(4):* 739~759.

Haight, David. (2000). "Trust and Understanding in Participatory Policy Analysis". *Policy Studies Journal,* 28(4): 739~759.

Hamlett, Patrick W. (2001). *Enhancing Public Participation in Participatory Public Policy Analysis Concerning Technology.* North Carolina State

University.

Heineman, R. A., Kearny, Edward N., & Peterson, Steven A. (1997). *The World of the Policy Analys: Rationality, Values, and Politics. 2nd ed*. Chatham, NJ: Chatham House Publishers, Inc.

Hendrick, Rebecca M. and Nachmias. David. (1992). "The Policy Sciences: The Challenge of Complexity". *Policy Studies Review*, 11(3): 310~328.

Hendriks, C. (2005). "Participatory storylines and their influence on deliberative forums". *Policy Sciences*. 38(1): 1−20.

Hird, John A. (2005), "Policy Analysis for What? The Effectiveness of Nonpartisan Policy Research Organizations". *The Policy Studies Journal*, 33(1): 83~105.

Irvin, Renee A. and Stanbury, J.(2004), "Citizen Participation in Decision Making: Is It Worth the Effort?". *Public Administration Review*, 64(1): 55~65.

Irwin, Alan. (2001). "Citizen Engagement in Science and Technology Policy: A Commentary on Recent UK Experience". PLA(*Planning and Action) Notes*. 40: 72−75.

Johnson, G. F. (2005). "Takking Stock: The Normative Foundation of Positivist and Non−Positivist Policy Analysis and Ethical Implications of the Emergent Risk Society". Journal of Comparative Policy Analysis: Research and Practice, 7(2): 137~153.

Kweit, Mary Grisez, and Robert W. Kweit. (1981). *Implementing Public Participation in a Bureaucratic Society*. New York: Praeger.

Kweit, Mary Grisez, and Robert W. Kweit. (1987). "The Politics of Policy Analysis: The Role of Citizen Participation in Analytic Decision Making", *In Citizen Participation in Public Decision Making*, edited by Jack DeSario and Stuart Laifd, F. (1993). "Participatory Analysis, Democracy, and Technological Decision Making". *Science, Technology, & Human Values*, 18(3): 341~361.

MacRae, Duncan. Jr. and D. Whittington. (1997). *Expert Advice for Policy*

Choice. Washington, DC: Georgetown University Press.

Marinoff, J. (1997). "There Is Enough Time: Rethinking the Process of Policy Development". *Social Justice,* 24(4): 234~246.

Mayer, lgor S., C. Els van Daalen and Pieter W.G. Bots. (2004). "Perspectives on Policy analyses; a framework for understanding and design". *Technology, policy and Management,* 4(2).

Quade, E. S. (1989). *Analysis for Public Decisions.* 3rd ed. New York, N.Y.: North Holland.

Rein, Martin. (1976). *Social Science & Public Policy.* New York: Penguin Books.

Renn, O. T. Webber, H. Rekel, P. Daniel. (1993). "Public Participation in Decision Making". *Policy Sciences,* 26(3): 189~214.

Sternberg, E. (1989). "Incremental versus Methodological Policymaking in the Liberal State". Administration and Society. 21(May): 54~77.

Stone, D. (1997). *Policy Paradox.* New York, NY: W. W. Norton.

Thomas, John Clayton. (1995). *Public Participation in Public Decisions.* San Francisco. CA: Jossey-Bass.

Trige. L. J. (1972). "Poliy Science: Analysis or Ideology". *Philosophy and Public Affairs* 2: 66~110.

Walters, Lawrence C., Aydelotte, James, & Miller, Jessica(2000). "Putting More Public in Policy Analysis". *Public Administration Review,* 60(4): 349~359.

Waugh, William L. (2002). "Valuing Public Participation in Policy Making". *Public Administration Review,* 62(3): 379~382.

Webler, T. · Levine, D. · Rakel, H. · Renn, O. (1991). "The group delphi: A novel attempt at reducing uncertainty". Technological Forecasting and Social Change. 39: 253~263.

Weimer, D.S. (1998). "Policy Analysis and Evidence". *Policy Studies Journal,* 26(1): 114~128.

○ **제2장 과학기술정책과 거버넌스 구조 논의: 기본개념과 이론모형**

과학기술부. (2002). 「과학기술정책에 민간참여 확대방안 연구」. 정책연구
　　　보고서.

권기창, 배귀희. (2006). 과학기술정책의 거버넌스 변화. 「한국정책과학학회
　　　보」, 10(3): 27-53.

김석준. (2000). 한국 국가재창조와 뉴 거버넌스: 새로운 패러다임 모색. 「한
　　　국행정학보」, 34(2).

김성수. (2005). 행정개혁 시각에서 본 과학기술혁신본부의 특성분석. 「한
　　　국행정학회 동계학술대회」.

김정렬. (2000). 정부의 미래와 거버넌스: 신공공관리와 정책네트워크. 「한
　　　국행정학보」, 34(1): 21-39.

민철구 외. (2002). 「대학연구시스템의 활성화 방안」. STEPI.

배응환. (2003). 거버넌스의 실험: 네트워크조직의 이론과 실제. 「한국행정
　　　학보」, 37(3): 67-93.

송위진. (2004). 「국가혁신체제에서 정부의 역할과 기능」. STEPI.

이명석. (2002). 거버넌스의 개념화: '사회적 조정'으로서의 거버넌스. 「한
　　　국행정학보」, 36(4): 321-338.

허　범. (1981). 「기본정책의 형성과 운용」. 중앙공무원교육원(편) 고급관리
　　　자과정교재.

홍성만. (2004). 과학기술정책에서 신거버넌스의 대두: 시민참여적 프로그
　　　램 활성화. 「한국행정학회 동계학술대회」.

홍형득·조만형. (2005). 한국과 영국의 연구지원시스템 비교연구. 「한국행
　　　정논집」, 17(3): 957-974.

STEPI. (2005). 「혁신 주체의 참여를 통한 과학기술 거버넌스 구축방안」.

Erick A, Patries B. & Patrick K. (1996). *Good ideas in Progrmme Mana-*
　　　gement for Research and Technological Development Programmes,
　　　Project HS-02 Report, Brighton: Technopolis.

Erik A. et al. (ed). (2003). *Research and Innovation Governance in Eight*
　　　Countries. Technopolis.

EU. (2002). *Innovation Tomorrow: Innovation Policy and the Regulatory Framework, Making Innovation an Integral Part of the Broader Structural Agenda.*

Etzkowitz & Leydesdorff. (2000). "The Dynamics of Innovation: From National Systems and 'Mode2' to a Triple Helix of University－Industry－Government Relations". *Research Policy.* 29:109－123.

Freeman D. (1987). *Technology Policy and Economic Performance. Lesson from Japan.* Francoes Pinter.

Gibbons M., Limoges C., Nowotny H., Schwartzman S., Scott P. and Trow M., (1994). The New Production of Knowledge. *The Dynamics of Science and Research in Contemporary Societies.* Sage.

Jacob E, Kuhlman S. & Smits R. (2003). *New Governance for Innovation.* Fraunhofer.

Jessop. B. (1998). The Rise of Governance and the Rise of Failure: the Case of Economic Development. *International Social Science Journal.* 155: 29－45.

Kooiman, J., ed. (1993). *Modern Governance: New Government－Society Interactions.* London: Sage.

Lasker, Rose, Elisa Weiss, and Rebecca Miller. (2001). "Partnership synergy: A practical framework for studying and strengthening the collaborative advantage". *The Milbank Quarterly.* 79(2): 179－205.

Lasswell H. & Kaplan A. (1970). Power and Society. Yale University Press.

Lundvall, B. (ed.). (1992). *National System of Innovation－Towards a Theory of Innovation and Interactive Learning.* Pinter Publishers.

Metcalfe, J.S. and Georghiou, L. (1998), Equilibrium and Evolutionary Foundations of Technology Policy. *STI Review.* 22: 75－100.

Marin, Bernd & Renate Mayntz. (1991). Introduction; Studying policy networks. In Bernd, Marin & Renate, Mayntz (ed.), *Policy Networks; Empirical evidence and theoretical considerations,* Campus Verlag; Westview Press.

Mayntz R. (2003). *From Government to Governance*. Summer Academy on IPP.

Nelson, R. and Winter, S. (1982). *An Evolutionary Theory of Economic Change*, Harvard University Press, Cambridge, Massachusetts.

Nelson, R.R. (ed). (1993). *National Systems of Innovation: A Comparative Study*. Oxford University Press.

OECD. (1997). *National Innovation Systems*. Paris.

OECD. (1997). *The Evaluation of Scientific Research: Selected Experiences*. Paris.

Oliver E. Williamson. (1985). *The Economic Institutions of Capitalism*, The Free Press.

Pierre, John. (2000). *Understanding Governance, Debating Governance*. edited by John Pierre. Oxford University Press.

Pierre J. & Peters B.G. (2000). Governance, Politics and the State. Martin Press.

Rhodes, R. (1997). *Understanding Governance: Policy Networks, Governance, Reflexity and Accountability*. Bristrol, PA: Open University Press.

Rhodes, R.A.W. (1996). The New Governance: Governing without Government. *Political Studies*. 44: 652－667.

Rosenau, J. (1992). Citizenship in a Changing Global Order. In J. Rosnau and E－OCzempiel (eds). *Governance without Government: Order and Change in World Politics*. Cambridge: Cambridge University Press.

STEP. (2003). *Good Practices in Nordic Innovation Policies*.

Technopolis－Group et al. (2002). *The Governance of Research and Innovation an international comparative study*.

Wybo P. Heere. (ed). (2004). From Government to Governance: The Growing Impact of Non－State Actors on the International and European Legal System. *Proceedings of the Hague Joint Conferences*.

○ 제3장 국가연구개발사업 조정체제의 발전과제: 관료와 민간 관계를 중심으로

과학기술부. (2006). 「신과학기술 행정체제의 발전방향 — 과기부총리체제 2년의 성과와 향후과제」.

김성수. (2006). "국가연구개발사업의 정책조정체계". 국가과학기술정책의 주요쟁점. 「충남대학교 공공문제연구소 기획세미나 자료집」.

김성수. (2005). "과학기술혁신본부와 정책조정 방식 변화". 「기술혁신연구」, 제13권 제3호.

김성수. (2001). "과학기술정책론". 「자연과학」, 2001년 가을 제11호.

김성수. (1999). "한국 과학기술정책과정의 조정과 통합: 체제이론에 의한 국가과학기술위원회 운영 분석". 「한국정책학회보」, 제9권 제2호.

김성수. (1998). "외국의 국가과학기술 종합조정 및 자문기구". 「과학과 기술」, 1998. 7월호.

오석홍. (2003). 「조직이론」. 박영사.

이길우. (2006). 「연구관리전문기관 운영효율화 지원방안 연구」. 한국과학기술기획평가원.

이장재. (2006a). "기술혁신전략의 재해석". 「한국정책학회 추계학술대회」.

이창재. (2006b). "기술기획 측면에서 본 국가연구개발사업의 현황과 발진방향". 「STEPI 과학기술정책포럼 발표자료」.

이장재·김선우. (2005). "과학기술혁신촉진을 위한 정책조정 방안 — 탐색적 접근". 「한국정책분석평가학회 추계학술대회 발표자료」.

임상규. (2007). 「우리나라 과학기술체제의 진화에 관한 연구」. 중앙대학교 박사학위논문.

황용수. (2004). "기술혁신체제 전환기의 국가연구개발 거버넌스 및 평가체계 운영방안". 「한국기술혁신학회 제1회 정책세미나 발표자료」.

Arnold, Erik et al. (2003). *Research and Innovation Governance in Eight Countries.* University of Ottawa.

○ **제4장 지적자본 관점에서의 정부출연 연구기관 평가지표 분석**

강황선. (2005). 정부조직 내 Balanced Scorecard의 정착을 위한 연구: 미국의 각 정부조직들의 경험을 중심으로. 한국행정연구원. 「한국행정연구」. 14(3): 3-38.

강병철·김영배. (1999). 연구개발에 대한 지식경영: 사례 연구. 「제2회 지식경영 학술 심포지엄」. 매일경제신문사. 437-454.

공공기술연구회. (2005). 「2005년도 기관평가 편람」.

과학기술부. (2002). 과학기술기본법 및 시행령.

과학기술부. (2004). 과학기술 분야 정부출연 연구기관의 설립·육성 및 운영에 관한 법률.

과학기술부. (2005). 국가 연구개발 사업 등의 성과평가 및 성과관리에 관한 법률.

과학기술정책연구원·(주)기술과 가치. (2004). 「국민소득 2만 달러 시대 대비 정부출연 연구기관의 전략적 발전 방안(과학기술계)」. 서울: 과학기술정책연구원.

국가과학기술위원회. (2005). 「과학기술계 출연기관 평가제도 개선(안)」.

과학기술부 외 15개 부처. (2003). 「참여정부의 과학기술 기본계획」.

기초기술연구회. (2005). 「2005 기관평가 편람」.

기획예산처. (2003). 「성과관리제도 업무편람」.

김명순 외. (2000). 국가출연 연구기관의 지식자산 모델. 「기술혁신연구」. 8(1): 197-216.

김명순·이영덕. (2001). 지적자산의 측정: 정부출연 연구기관의 사례를 중심으로. 「경영학연구」. 30(3): 765-796.

김성수. (2005). 연구개발 분야에서 성과관리 제도의 도입현환 분석.「기술혁신학회지」. 8(1): 237-260.

남영호·김병태. (2005). 과학기술계 출연 연구기관 기관평가 지표의 BSC 관점 분석. 「기술혁신연구」. 13(1): 265-293.

노화준 외. (1996). 「연구기관 종합평가를 위한 평가요소의 개발과 가중치 연구」. 서울: 과학기술정책관리연구소.

배재학·안기명. (2001).「지식자산에 대한 경영전략적 평가모형 개발」(아
산재단 연구총서 제88집). 서울: 집문당.

산업기술연구회. (2005).「2005년도 소관 연구기관 평가편람」.

송경근·성시중 옮김. (2002).「가치실현을 위한 통합 경영지표 BSC」. 서울:
한언.

이무신·엄기용. (1997).「과학기술 연구활동 지원기관의 경영성과 평가모
델에 관한 연구: 한국과학재단 자체평가 제도를 중심으로」. 대전:
한국과학재단.

이석희. (2002). 정부출연 연구기관 개혁정책의 평가분석. 중앙대학교 국가
정책연구소.「중앙행정논집」. 16(2): 29－57.

이원흠·최수미. (2002). 지식자산 가치 평가모형과 지식자산 가치의 기여
도에 관한 실증연구.「증권학회지」. 30: 327－361.

이장재 외. (2003). 과학기술계 정부출연 연구기관의 균형적 성과평가시스
템 구축: 균형점수표(BSC) 접근방법을 중심으로. 고려대학교 정부
학연구소.「정부학연구」. 9(2): 57－92.

이진주 외. (1996).「이공계 출연(연)의 역할 및 운영개선 방안」. 서울: 과
학기술정책관리연구소.

이진주. (2000). 정부출연(연) 개편에 따른 연구생산성 향상 전망. 괴학기술
정책연구원.「과학기술정책」. 10(1): 105－120.

이찬구. (2004). 과학기술계 연구회의 기관평가 제도 발전방안: 산업기술연
구회의 사례를 중심으로.「한국사회와 행정연구」. 15(1): 405－433.

이찬구. (2005). 정부출연 연구기관 평가에서 지적자본 모형의 적용 필요
성.「한국행정학보」. 39(1): 195－217.

이찬구. (2006).「지적자본과 성과평가」. 서울: 한국과학기술기획평가원.

한국품질재단. (2005).「신품질 실천 가이던스」. 서울.

한인구 외. (2000).「지식자산개발 활동의 측정과 공시」. 서울: 한국회계연
구원.

황용수. (2005). ‘국가연구개발사업 등의 성과평가 및 성과관리에 관한 법
률안’ 제정을 앞두고. 한국산업기술진흥협회.「기술과 경영」. 2005
년 11월호(통권 267호): 68－71.

ARC. (Austrian Research Centers)(2004). *Intellectual Capital Report 2002 : Knowledge Shapes the Future*. Vienna. Austria.

Barbarie, Alain. (1992). Evaluating Federal R&D in Canada. in John Mayne et al.(eds.). *Advancing Public Policy Evaluation: Learning from International Experiences*. Amsterdam: North-Holland. 173-180.

Ballester, M., Garcia-Ayuso and J, Livnat. (2000). Estimating the R&D Intangible Asset. SSRN Working Paper.

Brooking, Annie. (1996). *Intellectual Capital: Core Asset for the Third Millennium Enterprise*. London: International Thompson Business Press.

Cabinet Office, UK. (1989). *R&D Assessment: A Guide for Customers and Managers of Research and Development*. London: HMSO.

CMM. (Center for Molecular Medicine at the Karolinska University Hospital)(2004). *Intellectual Capital Report 2003*. Stockholm. Sweden.

DATI. (Danish Agency for Trade and Industry)(2000). *A Guide for Intellectual Capital Statements: A Key to Knowledge Management*. Copenhagen. Denmark.

de Pablos, Patricia O..(2004). Intellectual Capital Account: What Pioneering Firms from Asia and Europe are Doing Now. presented at *The Fifth European Conference on Organizational Knowledge. Learning and Capabilities*. 2-3 April 2004. Innsbruck. Austria. http://www.ofenhandwerk.com/oklc/pdf_files/k_2_dePablos.pdf (12 October 2004).

DMSTI. (Danish Ministry of Science. Technology and Innovation)(2003). *Intellectual Capital Statements: The New Guideline*. Copenhagen. Denmark.

Edvinsson, Leif and Michael Malone. (1997). *Intellectual Capital: Realizing Your Company's True Value by Finding Its Hidden Brainpower*. New York: HarperBusiness.

EU. (2003). *Study on the Measurement of Intangible Assets and Associated*

Reporting Practices.

FMEL. (Federal Ministry of Economics and Labour. Germany)(2004). *Intellectual Capital Statement Guideline 1.0..* Berlin. Germany.

HM Treasury, UK. (1988). *Policy Evaluation: A Guide for Managers.* London: HMSO.

Lev, Baruch and T. Sougiannis. (1996). The Capitalization. Amortization and Value−Relevance of R&D. *Journal of Accounting and Economics.* 21: 353−385.

METI. (Ministry of Economy. Trade and Industry. Japan)(2005). *Guideline for Intellectual Assets Based Management Disclosure.* Tokyo. Japan.

Ormala, Erkki. (1989). Nordic Experiences of the Evaluation of Technical Research and Development. *Research Policy.* 18: 333−342.

Stewart, Thomas A. (1997). *Intellectual Capital: The New Wealth of Organizations.* New York: Doubleday.

Sullivan, Patrick H.(2002). *Value Drive Intellectual Capital: How to Convert Intangible Corporate Assets Into Market Value.* New York: Wiley and Arther Anderson.

Sveiby, Karl−Erik. (1997). *The New Organizational Wealth: Managing & Measuring Knowledged−Based Assets.* San Francisco: Berrett− Koehler Publishers.

Sveiby, Karl−Erik. (2001). Balanced ScoreCard(BSC) and the Intangible Assets Monitor: A Comparison. http://www.sveiby.com/articles/BSCandIAM. htm.(1 April 2004).

Sveiby, Karl−Erik. (2004). Methods for Measuring Intangible Assets. http://www.sveiby. com/articles/IntangibleMethods.htm.(1 April 2004).

○ 제5장 과학기술부문 기초연구의 경제적 편익

송충한. (2005). 「우리나라의 기초연구현황진단과 중장기과제 도출 기획」.

　　과학기술부.

신태영. (2002). 「연구개발투자와 지식축적량의 국제 비교」. 과학기술정책
　　연구원.

신태영. (2005). 「기술혁신과 경제성장: 요소대체율과 기술진보율에 관한
　　실증적 고찰」. 과학기술정책연구원.

재정경제부 외. (2003). 참여정부의 과학기술 기본계획.

홍사균 외. (2006). 「정부연구개발사업의 추진구조와 성과의 상관관계 분
　　석: 기초연구를 중심으로」. 과학기술정책연구원.

황병상. (2003). 「과학기술정책과정의 정책네트워크에 관한 연구: 국가핵융
　　합연구개발사업을 중심으로」. 충남대학교 대학원 박사학위논문.

황병상·강근복. (2005). "정부출연연구기관평가의 발전방안 논고: 기초기
　　술연구회의 평가사례에 대한 메타평가를 중심으로". 「한국정책학회
　　보」, 14(1), 121－149.

CED 1998. America's Basic Research: Prosperity Through Discovery. Commi-
　　ttee for Economic Development.

Jaffe, A., NBER. 1996. Economic Analysis of Research Spillovers Impli-
　　cations for the Advanced Technology Program.
　　http://www.atp.nist.gov/eao/gcr708.htm

Tait, J., Williams, R., 1999. Policy approaches to research and development:
　　foresight, framework and competitiveness. Science and Public Policy
　　26(2), 101－112.

Office of Science and Technology Policy. (2006). American Competitiveness
　　Initiative.

Pavitt, K., 2001. Public Policies to Support Basic Research: What Can the
　　Rest of the World Learn from US Theory and Practice?(And What
　　They Should Not Learn). Industrial and Corporate Change 10(3),
　　761－779.

Polanyi, M., 1962. Personal Knowledge: Towards a Post－Critical Philosophy.
　　University of Chicago Press, Chicago.

Salter, A.J., Martin, B. R. 2001. The economic benefits of publicly funded basic research: a critical review. Research Policy 30, 509－532.

Schrader, S., 1991. Informal technology transfer between firms: co－operation through information trading. Research Policy 20, 153－170.

강근복
(康根福)

•약 력•

성균관대학교 행정학과 졸업 (행정학사)
성균관대학교 대학원 행정학과 졸업(행정학 석사, 박사)
미국 시라큐즈대, 버지니아텍 객원교수
충남대학교 행정대학원장
행정고시·입법고시 시험위원, 국가과학기술위원회 기획예산조정전문위원
한국정책분석평가학회장, 중앙인사위원회 자체평가위원
(현) 충남대 행정학과 교수 겸 공공문제연구소장, 한국정책학회장

•주요논저•

『정책분석론』
『지방자치단체장의 리더십전이』
『지식정보사회와 전자정부』

김성수
(金性洙)

•약 력•

서울대학교 경영대학 경영학과 졸업 (경영학사)
서울대학교 행정대학원 행정학과 졸업(정책학전공, 행정학석사)
독일 베를린 자유대학 정치학부 졸업(정책학전공, 정치학박사)
과학기술정책연구원(STEPI) 부연구위원
과학기술부 장관자문관
영국 캠브리지 대학 객원연구원
(현) 한국외국어대학교 행정학과 부교수

•주요논저•

『작은정부론』(공저)
『독일연방정부론』(공저)
『한국 정치-행정관계의 특성분석』
『S&T policy coordination and evaluation in Korea』
『산업정책과 복지정책의 조화와 갈등』 등

이찬구
(李讚求)

•약 력•

충남대학교 행정학과 졸업 (행정학사)
충남대학교 대학원 행정학과 졸업(행정학 석사, 박사)
영국 맨체스터대학교 졸업 (과학기술정책학 박사)
국가과학기술위원회 국가연구개발사업 특정평가위원
과학기술혁신본부 공공기술연구회 기획평가위원
한국전자통신연구원 책임연구원(평가분석팀장, 지적자본팀장)
(현) 부경대학교 인문사회과학대학 행정학과 조교수

•주요논저•

『지적자본과 성과평가』
『정부출연 연구기관 평가에서 지적자본 모형의 적용 필요성』
『연구회의 기관평가 제도 발전 방안』 등

홍형득
(洪熒得)

•약 력•

서강대학교 정치외교학과 졸업 (학사)
성균관대학교 대학원 행정학과 졸업 (행정학 석사, 박사)
영국 맨체스터대학교 졸업 (과학기술정책학 박사)
미국 조지아공대 기술정책평가센터 객원교수
국립밀양대학교 행정학과 조교수
(현) 강원대학교 행정학과 부교수

•주요논저•

『A comparison of the knowledge-based innovation systems in the economies of South Korea and the Netherlands using Triple Helix indicators』
『과학기술 정보 및 지식흐름 분석을 위한 네트워크 분석』
R&D Programme Evaluation(Ashgate Publication, UK)

황병상
(黃昞相)

•약 력•

경북대학교 경상대학 졸업 (경영학사)
성균관대학교 행정대학원 졸업 (정책학석사)
충남대학교 대학원 행정학과 졸업 (정책학박사)
영국 The University of Edinburgh, ISSTI 방문박사후연구원
한국기초과학지원연구원 기획과장
충남대학교, 한남대학교 출강
(현) 한국기초과학지원연구원 산학연협력실장, 한국행정학회 운영이사, 국회도서
     관 자료추천위원

•주요논저•

『과학기술 정책과정의 정책네트워크 분석』
『정부출연연구기관평가의 발전방안 논고』
『Policy Networks In the Policy Process of Science and Technology Field: Case Study on the Fusion Policy in Korea』

IPA 학술연구총서

충남대 공공문제연구소 학술연구총서

과학기술정책의 주요쟁점

- 초판 인쇄   2008년 6월 2일
- 초판 발행   2008년 6월 2일

- 지 은 이   강근복 · 김성수 · 이찬구 · 홍형득 · 황병상
- 펴 낸 이   채종준
- 펴 낸 곳   한국학술정보㈜
  경기도 파주시 교하읍 문발리 513－5
  파주출판문화정보산업단지
  전화   031) 908－3181(대표) · 팩스   031) 908－3189
  홈페이지   http://www.kstudy.com
  e－mail(출판사업팀사업부)   publish@kstudy.com
- 등   록   제일산－115호(2000. 6. 19)
- 가   격   22,000원

ISBN   978-89-534-8061-2 93350 (Paper Book)
       978-89-534-8062-9 98350 (e－Book)